영재교육원 대비

꾸러미 48제 모의고사

파이널

과학
초등1~3

무한상상

무한상상 영재교육 연구소

영재교육원 대비를 위한...

영재란 재능이 뛰어난 사람으로서 타고난 잠재력을 개발하기 위해 특별한 교육이 필요한 사람이고, 영재교육이란 영재를 발굴하여 타고난 잠재력이 발현될 수 있도록 도와주는 것입니다. 그렇지만 우리 아이가 특별히 영재라고 생각하지 않는 경우가 많습니다. 단지 몇몇의 특성과 문제를 가지고 있는 경우가 다반사입니다. 지능지수가 높다고 해서 모두 영재는 아니며 지능지수가 낮다고 영재가 아닌 것도 아닌 것입니다.
영재는 '동기유발' 상태에 있는 것은 맞습니다. 새로운 체험과 그것을 바탕으로 나오는 내부로부터의 열정 등이 '동기유발' 을 시킬 것이고 우리 자녀의 미래의 모습을 결정할 것입니다.

새로운 경험으로서 자녀를 영재교육원에 보내는 것은 바람직합니다. 한 단계 높은 지적 영역을 경험하기 때문입니다. 그렇지만 영재교육원 선발 시험 문제는 정확한 기준이 없기 때문에 별도의 학습이 필요합니다. 기출문제, 창의문제, 탐구문제, 요즘 강조되는 STEAM 형 (융합형) 문제를 골고루 다뤄볼 필요가 있습니다. 또한 실생활에서의 경험을 근거로 한 문제 해결도 필요합니다.

아이앤아이 영재교육원 대비 시리즈의 최종판인 '꾸러미 48 제 모의고사' 는 8 문항씩 6 회분의 모의고사를 싣고 있습니다. 1 회분 8 문항은 영재성검사 해당문항 1 문항, 창의적 문제해결력 해당문항 5 문항, STEAM 형 (융합형) 문제 2 문항으로 구성되어 있습니다. 기출문제, 창의문제, 탐구문제, STEAM 형 (융합형) 문제가 모두 포함되도록 하였습니다.
'꾸러미 48 제 모의고사' 시리즈는 초 1~3, 초 4~5, 초 6~ 중등 3 단계로 나누었고 수학, 과학 두 영역을 다루므로 다루므로 총 6권으로 구성됩니다. '초등 아이앤아이3,4,5,6'(전 4권), '수학·과학 종합대비서 꾸러미' (전 4 권) 에 이어서 '꾸러미 120 제 수학, 과학' (전 6 권) 을 학습한 경우 약 1 주일의 시간을 두고 '꾸러미 48 제 모의고사' 로 대비를 완결지을 수 있을 것입니다. 해설 말미에 점수표를 확인하여 우리 아이의 수준을 확인할 수도 있습니다.

아이앤아이 영재육원 대비 시리즈를 통해 영재교육원을 대비하는 아이들과 부모님에게 새로운 희망과 열정이 솟는 첫걸음이 되길 기대해 봅니다.

- 무한상상 영재교육 연구소

영재교육원에서 영재학교까지

01. 영재교육원 대비

아이앤아이 영재교육원 대비 시리즈는 '영재교육원 대비 수학 · 과학 종합서 꾸러미' , '꾸러미 120 제' (수학 과학), '꾸러미 48 제 모의고사' (수학 과학), 학년별 초등 아이앤아이 (3·4·5·6 학년), 중등 아이앤아이 (물 · 화 · 생 · 지)(상 , 하) 등이 있다 . 각자 자기가 속한 학년의 교재로 준비하면 된다 .

초등영재

[초등대상 영재교육원 지원자]

꾸러미 1·2·3 학년	+	꾸러미 120 제 초등 1~3 꾸러미 48 제 모의고사	+	아이앤아이 초 3, 과학도서
꾸러미 4·5 학년	+	꾸러미 120 제 초등 4~5 꾸러미 48 제 모의고사	+	아이앤아이 초 4,5, 과학도서
꾸러미 6 학년	+	꾸러미 120 제 초 6 ~ 중등 꾸러미 48 제 모의고사	+	아이앤아이 초 6, 과학도서

중등영재

[중등대상 영재교육원 지원자]

꾸러미 중등	+	꾸러미 120 제 초 6 ~ 중등 꾸러미 48 제 모의고사 초 6 ~ 중등	+	과목별 중등 아이앤아이 과학도서

02. 영재학교/과학고/특목고 대비

영재학교 / 과학고 / 특목고 대비교재는 세페이드 1 F(물 · 화), 2 F(물 · 화 · 생 · 지), 3 F(물 · 화 · 생 · 지), 4 F(물 · 화 · 생 · 지), 5 F(마무리), 중등 아이앤아이 (물 · 화 · 생 · 지) 등이 있다 .

	세페이드 1F	세페이드 2F	세페이드 3F	세페이드 4F	세페이드 5F		
현재 5 ·6 학년	주 1~2 회 6~9 개월 과정	주 2 회 9 개월 과정	주 3 회 8~10 개월 과정	주 3 회 6 개월 과정	주 4 회 2~3 개월 과정	+ 중등 아이앤아이 (물 · 화 · 생 · 지)	→ 총 소요시간 31~36 개월
현재 중 1 학년		주 3 회 6 개월 과정	주 3 회 8 개월 과정	주 3 회 6 개월 과정	주 3~4 회 3 개월 과정	+ 중등 아이앤아이 (물 · 화 · 생 · 지)	→ 총 소요시간 약 24 개월
현재 중 2 학년		3 개월 과정	4 개월 과정	4 개월 과정	2 개월 과정	+ 중등 아이앤아이 (물 · 화 · 생 · 지)	→ 총 소요시간 약 13 개월

각 선발 단계를 준비하는 방법

교사 추천

교사는 평소 학교생활이나 수업시간에 학생의 심리적인 특성과 행동을 관찰하여 학생의 영재성을 진단하고 평가한다. 특히, 창의성, 호기심, 리더십, 자기주도성, 의사소통능력, 과제집착력 등을 평가한다. 따라서 교사 추천을 받기 위한 기본적인 내신관리를 해야 하며 수업태도, 학업성취도가 우수하여야 한다. 교과 내용의 전체 내용을 이해하고 문제를 통해 개념을 정리한다. 이때 개념을 오래 고민하고, 깊이 있게 이해하여 스스로 문제를 해결하는 능력을 키운다. 수업시간에는 주도적이고, 능동적으로 수업에 참여하고, 과제는 정해진 방법 외에도 여러 가지 다양하고 새로운 방법을 생각하여 수행한다. 수업 외에도 흥미를 느끼는 주제나 탐구를 직접 연구해 보고, 그 결과물을 작성해 놓는다.

영재성 검사

잠재된 영재성에 대한 검사로, 영재성을 이루는 요소인 창의성과 언어, 수리, 공간 지각 등에 대한 보통 이상의 지적능력을 측정하는 문항들을 검사지에 포함 시켜 학생들의 능력을 측정한다. 평소 꾸준한 독서를 통해 기본 정보와 새로운 정보를 얻어 응용하는 연습으로 내공을 쌓고, 서술형 및 개방형 문제들을 많이 접해 보고 논리적으로 답안을 표현하는 연습을 한다. 꾸러미시리즈에는 기출문제와 다양한 영재성 검사에 적합한 문제를 담고 있으므로 풀어보면서 적응하는 연습을 할 수 있다.

창의적 문제 해결력(학문적성 검사)

창의적 문제해결력 검사는 수학, 과학, 발명, 정보 과학으로 구성되어 있으며, 사고능력과 창의성을 측정하는 것을 기본 방향으로 하여 지식, 개념의 창의적 문제해결력을 측정한다. 해당 학년의 교육과정 범위내에서 각 과목의 개념과 원리를 얼마나 잘 이해하고 있는지 측정하는 검사이다. 심화학습과 사고력 학습을 통해 생각의 깊이와 폭을 확장시키고, 생활 속에서 일어나는 일들을 학습한 개면과 연관시켜 생각해 보는 것이 중요하다. 꾸러미 시리즈는 교육과정 내용과 심화학습, 창의력 문제를 통해 창의성을 넓게 기를 수 있도록 도와주고 있다.

심층 면접

심층 면접을 통해 영재교육대상자를 최종선정한다. 심층 면접은 영재행동특성 검사, 포트폴리오 평가, 수행평가, 창의인성 검사 등에서 제공하지 못하는 학생들의 특성을 역동적으로 파악할 수 있는 방법이고, 기존에 수집된 정보로 확인된 학생의 특성을 재검증하고, 학생의 특성을 심층적으로 파악하는 과정이다. 이 단계에서 예술 분야는 실기를 실시할 수도 있으며, 수학이나 과학에 대한 실험을 평가하는 등 각 기관 및 시도교육청에 따라 형태가 달라질 수 있다. 면접에서는 평소 관심 있는 분야나 자기소개서, 창의적 문제해결력, 문제의 해결 과정에 대해 질문할 가능성이 높다. 따라서 평소 자신의 생각을 논리적으로 표현하는 연습이 필요하다. 단답형으로 짧게 대답하기보다는 자신의 주도성과 진정성이 드러나도록 자신 있게 이야기하는 것이 중요하다. 자신이 좋아하는 분야에 대한 관심과 열정이 드러나도록 이야기하고, 평소 육하원칙에 따라 말하는 연습을 해 두면 많은 도움이 된다.

Contents

차 례

꾸러미 48 제 모의고사
과학 (초등 1-3)

꾸러미 모의고사

1회

과학

초등 1-3

- 총 문제수 : 8 문제
- 시험시간 : 70 분
- 총점 : 53 점
- 문항에 따라 배점이 다릅니다.
- 필기구 외에 계산기 등은 사용할 수 없습니다.

	나의 점수	총 점수
모의고사 점 수		53 점

영재성 검사 문항

01

- □ 유창성
- □ 융통성
- □ 독창성
- ☑ 정교성

학생 A 는 3 월 3 일, B 는 5 월 28 일, C 는 11월 30 일, D 는 12 월 21 일에 태어났습니다. 다음 주어진 알고리즘의 '시작'에서 자신의 생일로 출발해 보니 '끝'에 도착해서 A 는 7 월 3 일, B 는 9 월 18 일, C 는 11 월 30 일, D 는 9 월 16 일로 나왔습니다.

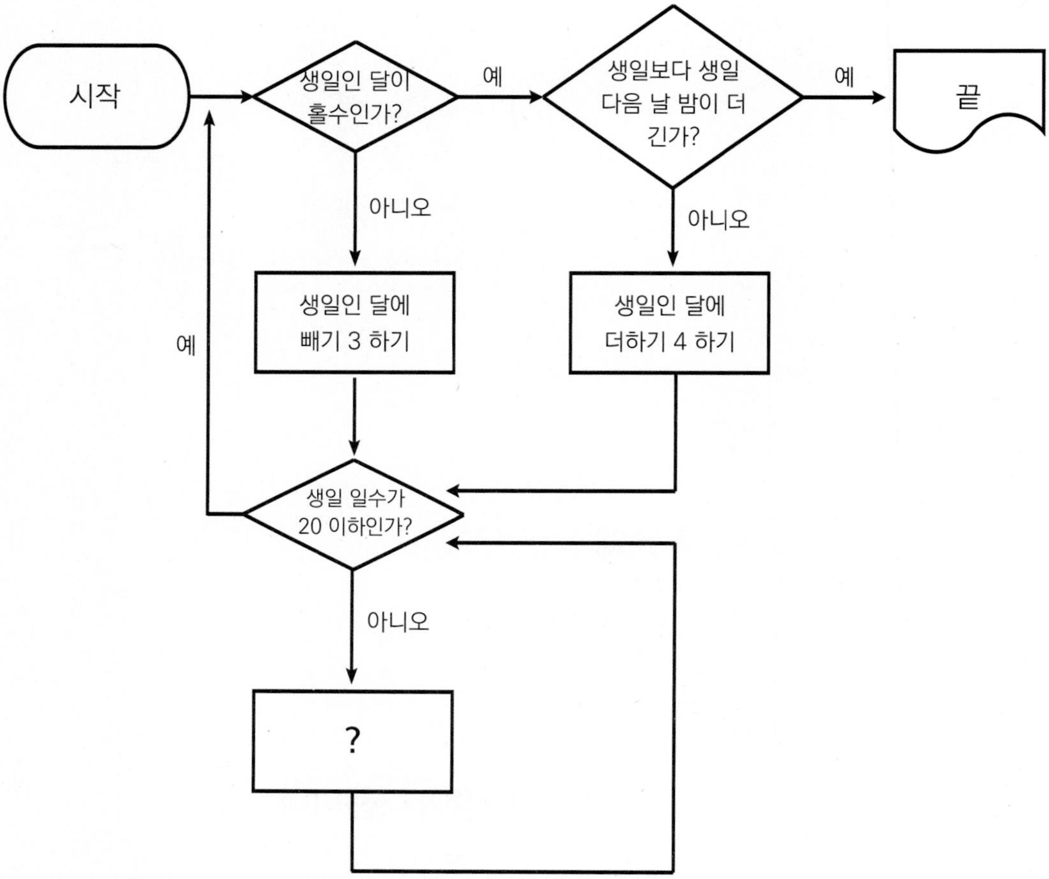

도형의 규칙을 찾아 물음표 표시된 도형 안에 들어갈 말이 무엇인지 쓰세요. (단, 춘분은 3 월 21 일, 하지는 6 월 21 일, 추분은 9 월 23 일, 동지는 12 월 21 일 입니다.)

[6 점]

정답 및 해설
예시 답안
……› p.2

창의적 문제 해결 문항

02

□ 유창성
□ 융통성
□ 독창성
☑ 정교성

어느 가을날 우리나라 근처에 태풍이 접근하여 바람이 많이 불었습니다. 무한이는 기차가 지나가는 풍경을 그리기 위해서 언덕에 올라갔습니다. 무한이는 기차가 동쪽을 향해 70 km/h 의 속력으로 지나가는 순간 사진을 찍었습니다. 이 사진을 참고하여 그림을 그렸는데, 깜빡하고 기차의 증기를 그리지 않았습니다. 무한이의 그림에 증기를 그려 그림을 완성해 보세요. 단, 이날 순간 풍속은 70 km/h 였고, 풍향은 서풍이었습니다. [5 점]

창의적 문제 해결 문항

03

☑ 유창성
☑ 융통성
☐ 독창성
☑ 정교성

무한이는 알코올램프를 채우기 위해 약품이 있는 선반으로 가보니 알코올과 물이 똑같이 생긴 병에 각각 담겨있었고, 두 병에 어떤 것이 담겨 있는지 이름이 적혀있지 않았습니다. 하필 무한이는 코감기에 걸려서 알코올과 물을 냄새로 구별하지 못하는 상태였습니다. 무한이가 알코올과 물이 담긴 병을 어떻게 구분할 수 있을지 방법을 최대한 많이 써 보세요. (많이 쓸수록 점수가 높습니다.) [5 점]

정답 및 해설
예시 답안
……› p.3

창의적 문제 해결 문항

04

☑ 유창성
☑ 융통성
☐ 독창성
☐ 정교성

상상이의 마을에서 크리스마스를 맞아 그릇을 팔아 돈을 벌어 기부하기로 했습니다. 종류에는 나무로 만든 그릇, 철로 만든 그릇, 유리로 만든 그릇이 있습니다. 상상이네 마을에서는 각각의 그릇을 얼마에 팔지 의논 중입니다. 각 재료의 특성을 생각하여 어떤 그릇을 가장 비싸게 팔고, 어떤 그릇을 가장 싸게 팔지 이유와 함께 써 보세요. [4 점]

창의적 문제 해결 문항

05

- ☐ 유창성
- ☐ 융통성
- ☐ 독창성
- ☑ 정교성

사람이 자석을 들고 자석이 붙어있는 수레를 움직여 경주하려고 합니다. 단, 경주하는 도중에 들고 있는 자석이 수레의 자석에 붙으면 안 됩니다. 다음 중 어느 수레가 가장 먼저 결승점에 도착할지 쓰고 설명하세요. [5 점]

A

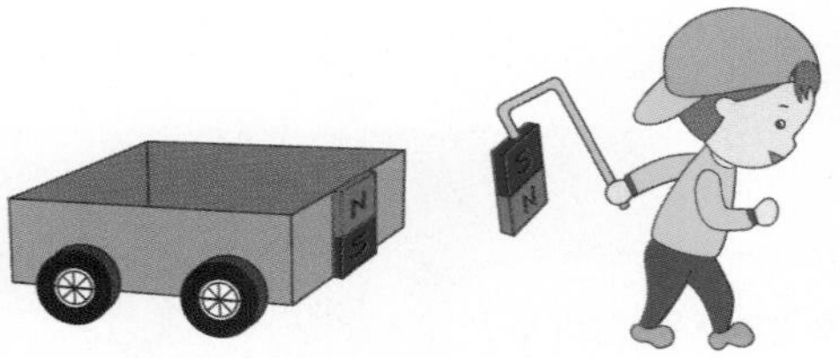

B

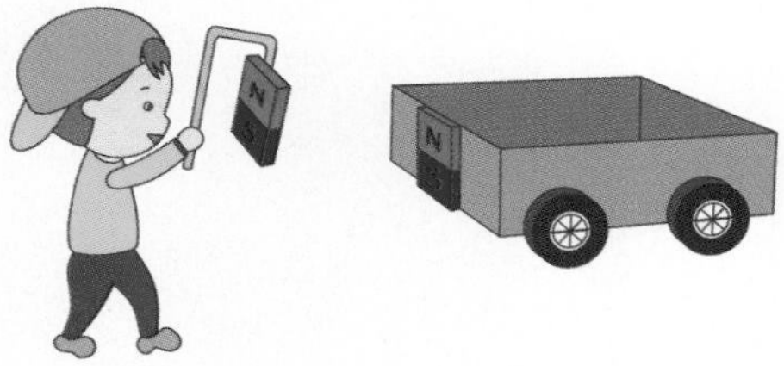

C

정답 및 해설
예시 답안
·······› p.4

창의적 문제 해결 문항

06 **아래 두 가지 경우에 기름을 사용합니다. 다음 경우에 왜 기름 대신 물을 사용하지 않는지 기름의 성질을 생각하여 각각 설명하세요. [6 점]**

☑ 유창성
☐ 융통성
☐ 독창성
☑ 정교성

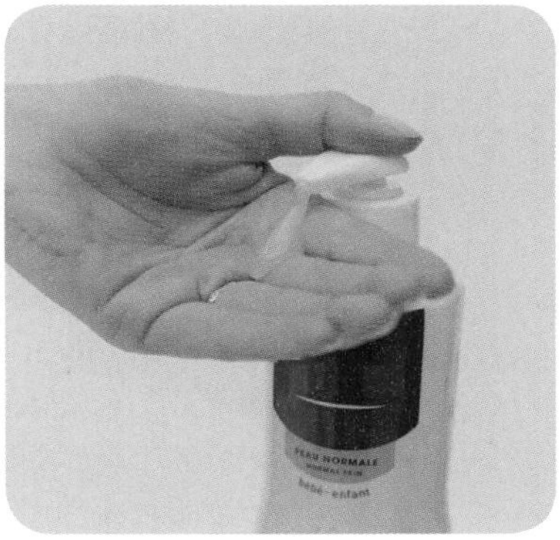

(1) 달걀 프라이를 먹기 위해 프라이팬에 기름을 두르고 달걀을 프라이 한다. [3 점]

(2) 얼굴이 건조해서 기름 성분이 많이 들어가 있는 로션을 바른다. [3 점]

STEAM 융합 문항

07 다음 수질오염에 관한 글을 읽고 물음에 답하세요. [12 점]

수질오염

수질오염이란 하천, 호수, 바다 등의 자연 수역에 문명사회로부터 배출된 오염물질이 섞여 들어가서 생물체가 살아가기 힘들게 된 상태를 말한다. 수질오염은 가정에서 버리는 합성 세제, 공장 폐수에 섞여 있는 중금속, 가정이나 축사에 흘러나오는 음식 찌꺼기나 분뇨 등에 의해 발생한다.

태안 기름 유출 사고

2007 년 우리나라 태안반도 앞바다에서 유조선과 크레인선이 충돌하여 약 1 만 3 천 톤의 기름이 유출되는 사고가 발생했다. 환경 전문가들은 우리나라의 태안반도가 다시 회복하려면 적어도 10 년은 걸릴 것으로 예측했지만, 전국 각지에서 많은 자원봉사자들이 태안반도로 몰려들어 돌과 자갈에 묻어 있는 기름을 하나하나 손으로 닦아내어 태안반도는 2 년 만에 원래의 모습을 되찾았다.

▲ 돌에 묻어 있는 기름을 천으로 닦는 자원 봉사자들

호주 작은 마을의 수질오염 방지 대책

3 월, 인구가 약 39,000 명 밖에 되지 않는 호주의 마을 퀴나나에 있는 2 개의 대형 배수관에 그물이 설치되었다. 이 그물은 수질오염을 막기 위해 설치된 것이었다. 그물을 설치하는 데는 아주 적은 비용이 들었고, 4 개월 동안 약 370 kg 의 쓰레기를 걸러 아주 효율적이고 혁신적인 수질오염 방지대책이라는 평가를 받았다. 퀴나나에서는 도시 전체에 이 그물망을 설치하기 위한 계획을 세우고 있다.

▲ 퀴나나의 배수구에 설치된 망

정답 및 해설
예시 답안
……› p.5

(1) 강에 가축들의 분뇨가 버려질 경우, 미생물들이 분뇨를 먹이로 하여 살아갑니다. 미생물이 분뇨를 먹으며 분해하는데도 강이 오염되고 생물들이 살 수 없게 되는 이유는 무엇일지 설명해 보세요. [3 점]

(2) 태안반도 기름 유출 사고처럼 바다에 많은 양의 기름이 유출되었을 경우 바다에 살고 있는 생물들이 어떻게 될지 설명해 보세요. [4 점]

(3) 우리가 샤워할 때 쓰는 샴푸나 린스는 수질오염의 큰 원인 중 하나입니다. 호주 퀴나나의 사례를 참고하여, 샴푸나 린스로 인해서 생기는 오염을 줄이기 위한 간단한 장치를 고안하여 설명해 보세요. [5 점]

STEAM 융합 문항

08 다음 설명을 읽고 물음에 답하세요. [10 점]

무게중심

물체의 어떤 곳을 매달거나 받쳤을 때 한쪽으로 치우치지 않고 균형을 이루는 점이 있는데, 그 점을 무게중심이라고 한다. 그 한 점을 받치면 물체 전체를 떠받칠 수 있다.

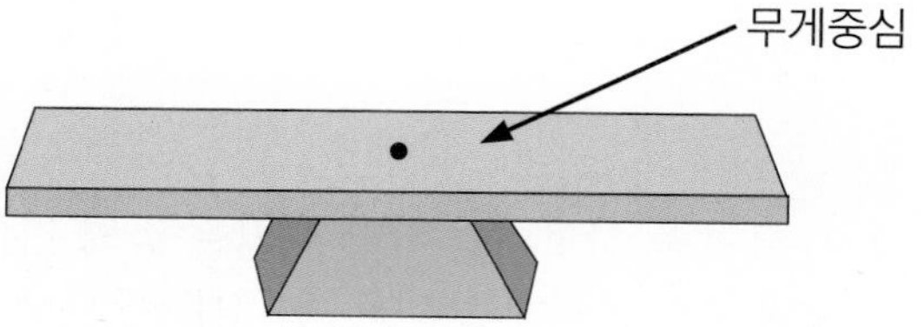

수평

수평이란 어느 한쪽으로도 기울어지지 않고 평형을 이룬 상태를 말한다. 물체의 무게중심을 받치면 그 물체는 수평이 된다.

수평 잡기

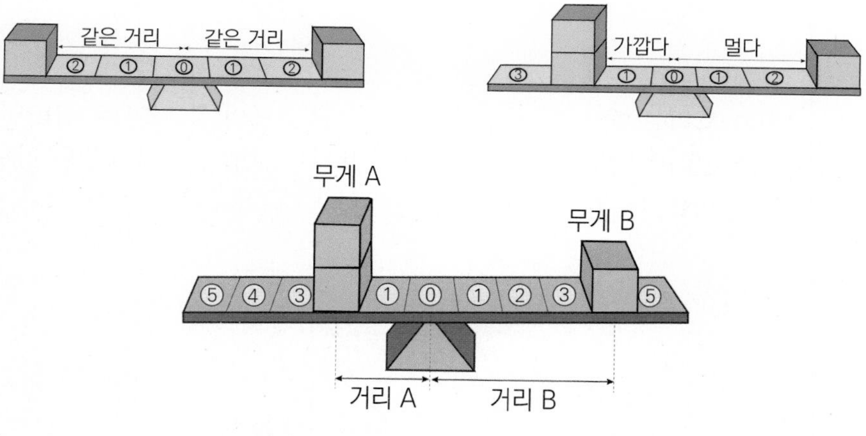

거리 A × 무게 A = 거리 B × 무게 B

(1) 다음과 같이 구슬 A, B, C, D 를 저울에 두고 수평을 맞췄습니다. 다음 그림을 보고 구슬 A, B, C, D 의 질량은 몇 g 일지 구하세요. (단, 구슬의 질량은 한 자리 자연수입니다.) [6 점]

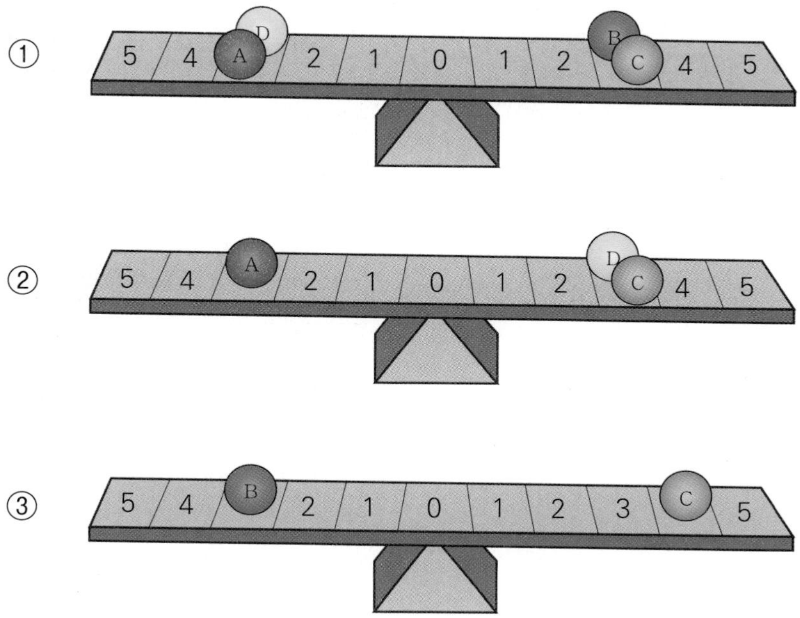

(2) 다음 타워 크레인의 축은 지브의 무게중심에 위치해 있습니다. 지브를 축을 중심으로 두 개로 나누었을 때, 왼쪽에 있는 추와 지브는 오른쪽에 있는 지브와 비교했을 때 어떤 것이 더 무거울지 쓰고 설명하세요. [4 점]

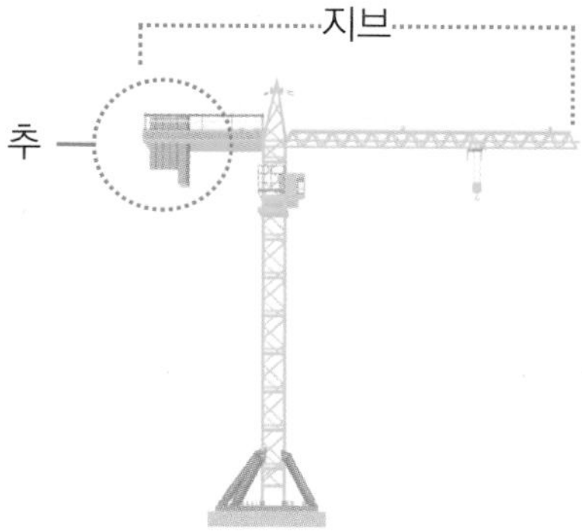

▲ 타워 크레인

꾸러미 모의고사

2회

과학

초등 1-3

- 총 문제수 : 8 문제
- 시험시간 : 70 분
- 총점 : 55 점
- 문항에 따라 배점이 다릅니다.
- 필기구 외에 계산기 등은 사용할 수 없습니다.

모의고사 점 수	나의 점수	총 점수
		55 점

영재성 검사 문항

01

□ 유창성
□ 융통성
□ 독창성
☑ 정교성

준혁, 수진, 현수, 재현이는 작가, 수의사, 성악가, 조련사 중 하나의 직업을 가지고 있습니다. 네 사람의 직업은 서로 다릅니다. 다음 <보기> 를 읽고, 네 사람의 직업이 무엇인지 맞춰 보세요. [5 점]

<보기>

ㄱ. 수진이와 수의사는 같은 집에 삽니다.
ㄴ. 준혁이는 동물을 매우 싫어합니다.
ㄷ. 조련사, 작가, 재현이는 서로 모르는 사이입니다.
ㄹ. 재현이는 가끔 동물 병원에 들러 애완용품을 삽니다.

정답 및 해설
예시 답안
·······› p.7

창의적 문제 해결 문항

02

□ 유창성
☑ 융통성
□ 독창성
□ 정교성

상상이는 평소에 과학을 이용한 마술을 보여주는 것을 좋아합니다. 이번 축제 때 상상이는 물 표면에서 불이 활활 타오르게 하는 마술을 보여줄 예정입니다. 상상이의 마술을 위해 꼭 필요한 준비물과 마술의 원리를 설명해 보세요. [4 점]

창의적 문제 해결 문항

03

- [ ] 유창성
- [x] 융통성
- [ ] 독창성
- [x] 정교성

풍선은 고무로 만들어져 있습니다. 그래서 숨을 불어넣어 풍선을 늘리면 풍선은 계속 줄어드려고 합니다. 풍선 안의 공기는 풍선이 줄어드려고 하는 힘을 받고 풍선 밖의 공기보다 압축됩니다. [6 점]

(1) 바늘로 풍선을 찔렀을 때 갑자기 터지는 이유가 무엇인지 쓰세요. [2 점]

(2) 바늘로 풍선을 찔렀을 때 갑자기 터지지 않게 하는 방법을 쓰세요. [2 점]

(3) 풍선이 터질 때 왜 소리가 나는지 쓰세요. [2 점]

정답 및 해설
예시 답안
·······› p.8

창의적 문제 해결 문항

04 선영이와 친구들이 한강과 바다가 맞닿아 있는 김포에 놀러 가서 각자 돌을 주웠습니다. 그리고 누구의 돌이 가장 오랜 시간 동안 땅 위를 굴러다녔을지 이야기를 나누고 있습니다. <보기> 에서 선영이와 친구들의 주장을 읽고, 옳게 이야기한 사람을 고르세요. [4 점]

□ 유창성
□ 융통성
□ 독창성
☑ 정교성

<보기>

민수 : 내가 주운 돌을 봐! 정말 작지? 오랫동안 땅 위를 구르면서 깨졌기 때문이야. 그러니깐 내 돌이 가장 오랜 시간 동안 땅 위를 굴러다녔어.

재현 : 아니야, 내 돌이 더 오랫동안 땅 위에서 굴러다녔을 거야. 내 돌은 너희 돌보다 훨씬 까맣잖아. 까맣다는 건 여기저기 구르다가 때가 타고, 변색이 되어서 그런 거야. 까맣게 될수록 더 오래된 돌이라구!

선영 : 얘들아, 그만해. 아무리 싸워봤자 내 돌이 땅 위에서 가장 오랫동안 굴러다녔어. 내 돌 반들반들한거 보이니? 오랫동안 구르면서 표면이 깎여서 그런 거야. 반들반들할수록 오래된 거라구.

혜원 : 아직 잘 모르는구나! 단단할수록 오래 굴러다닌 거야. 모래성 쌓을 때도 꾹꾹 눌러주면 더 단단해지잖아.

창의적 문제 해결 문항

05 '물고기는 물속에 녹아 있는 산소로 숨을 쉰다.'는 사실을 확인하기 위한 실험을 구상하려고 합니다. 어떤 실험을 하면 좋을지 생각해 보고, 다음 표를 채우세요. [6 점]

□ 유창성
□ 융통성
□ 독창성
☑ 정교성

필요한 준비물	
같게 해야할 조건	
다르게 해야할 조건	
예상되는 결과	

정답 및 해설
예시 답안
……› p.8

창의적 문제 해결 문항

06

☑ 유창성
☐ 융통성
☐ 독창성
☑ 정교성

공기는 질소, 산소, 아르곤, 이산화 탄소 등의 기체가 고르게 섞여 있는 혼합물입니다. 그 중 공기에 가장 많이 포함된 기체는 질소로 공기의 약 78 % 를 차지하고 있습니다. 질소 기체는 1789 년 라부아지에에 의해 처음으로 이름이 붙여졌습니다. 산소와 달리 생명 유지와 관련이 없다는 뜻에서 그리스어로 생명을 뜻하는 단어 'zoe'에 부정어 'a'를 붙여서 'azote'라고 명명하였습니다. 또한, 질소는 산소와 달리 다른 물질과 잘 반응하지 않으므로 백열전구의 내부를 채우거나 과자 봉지를 부풀리는 데에도 사용됩니다. [6 점]

▲ 내부를 질소 기체로 채운 백열 전구

▲ 내부를 질소 기체로 채운 과자 봉지

(1) 공기 중에는 산소가 21 %, 질소가 78 % 포함되어 있습니다. 평소에 숨을 쉴 때, 들숨과 날숨에 포함된 질소의 양을 비교해 보세요. [3 점]

(2) 깊은 바닷속에 있다가 갑자기 수면 위로 올라오면 대부분 사람은 잠수병에 걸립니다. 잠수병은 바닷속으로 들어갔을 때 사람의 혈액에 녹은 질소 기체가 사람이 수면 위로 올라오면서 혈관을 막아서 생기는 병입니다. 질소가 어떻게 잠수병을 일으키는지 설명해 보세요. [3 점]

STEAM 융합 문항

07 다음 선풍기에 관한 그림을 참고하여 물음에 답하세요. [12 점]

선풍기

선풍기는 날개를 돌려 공기를 앞으로 보내서 시원하게 해준다.

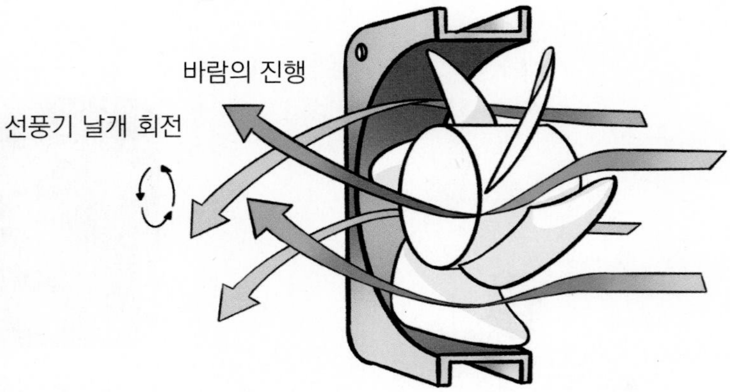

(1) 창문과 문이 닫혀 있는 방에 선풍기를 틀어놓고 나갔다가 들어오면 방 안의 온도는 선풍기를 틀기 전과 어떻게 달라졌을지 설명해 보세요. [3 점]

정답 및 해설
예시 답안
……› p.9

(2) 선풍기를 더욱 시원하게 이용하는 방법에 대해서 쓰세요. [3 점]

(3) 무한이는 미니 선풍기에 건전지를 넣고 작동을 시켰습니다. 그런데 바람은 나오지만 시원하지 않았습니다. 왜 그랬을지 설명해 보세요. [3 점]

(4) 무한이가 선풍기의 세기를 '강'으로 해두고, 선풍기의 앞과 뒤에 종이를 대보았습니다. 종이는 어떻게 될지 설명해 보세요. [3 점]

STEAM 융합 문항

08 다음 냉동 과일에 관한 설명을 읽고 물음에 답하세요. [12 점]

냉동 과일

냉동 과일은 제철이 아닌 계절에 잘 팔리는 식품이다. 냉동 과일은 유통기한이 긴데, 그 이유는 저온으로 내부 조직의 변성과 부패를 막기 때문이다. 과일을 냉동시키면 과일의 숙성을 막아 싱싱함을 유지할 수 있고, 표면에 묻은 벌레와 기생충도 죽게 한다. 냉동 보관 중에는 미생물도 증식하지 못한다.

과일을 냉동시키면 영양소를 잘 보존할 수 있다. 하지만 냉동 후 해동하면 냉동될 때 팽창하면서 손상되어있던 과일의 세포에서 물과 영양소가 빠져나가 맛과 품질이 떨어진다.

▲ 냉동 과일

(1) 냉동되어 있던 과일을 해동시키면 맛과 식감은 어떨지 설명해 보세요. [3 점]

(2) 말린 과일의 장단점을 해동된 냉동 과일과 비교해 설명해 보세요. [3 점]

정답 및 해설
예시 답안
……> p.10

(3) 과일의 영양분을 그대로 섭취하면서 고유의 맛을 느끼기 위해서는 냉동 과일을 어떻게 먹으면 좋을지 방법을 써 보세요. [2 점]

(4) 다음 인체를 냉동하여 생명을 연장하는 기술 과정을 읽고, 왜 인체의 체액을 모두 빼내는지 설명해 보세요. [4 점]

인체 냉동 보존

미국 애리조나 주 알코어 생명 연장 재단에서의 전신 시술은 한화로 약 1 억 8000 만원이다. 기본적인 시술 절차는 다음과 같다.

1. 시신을 얼음통에 넣고, 심폐소생장치를 사용해 호흡과 혈액순환 기능을 복구시킨다.
2. 피를 뽑아내고 정맥주사를 놓아 세포의 부패를 지연시키고 환자를 애리조나주에 있는 알코르 본부에 이송한다.
3. 시신의 가슴을 절개하고 늑골을 분리한다.
4. 체액이 어는 것을 방지하기 위해 모든 체액을 빼내고 특수액체를 넣어 내부 기관이 손상되지 않게 한다.
5. 사체를 냉동보존실로 옮긴 다음 특수액체를 부동액으로 바꾼다.
6. 며칠 뒤 시체를 영하 196 ℃ 로 급속 냉각하여 질소 탱크에 보존한다.

꾸러미 모의고사

3회

과학

초등 1-3

- 총 문제수 : 8 문제
- 시험시간 : 70 분
- 총점 : 53 점
- 문항에 따라 배점이 다릅니다.
- 필기구 외에 계산기 등은 사용할 수 없습니다.

모의고사 점 수	나의 점수	총 점수
		53 점

영재성 검사 문항

01 다음 글을 읽고 물음에 답하세요.

- ☐ 유창성
- ☐ 융통성
- ☑ 독창성
- ☑ 정교성

지혜의 왕 솔로몬에게 어느 날 두 여인이 찾아왔습니다.

두 여인은 말을 하지 못하는 어린 남자아이 한 명을 데리고 왔습니다. 그들은 같은 집에 살면서 각자 자신의 아이를 낳았는데 한 여인의 아이가 병에 걸려 죽었습니다. 그런데 두 여인 모두 살아있는 아이가 자신의 아이라며 솔로몬에게 울면서 호소했습니다. 그러자 솔로몬 왕은 ______________________

____

____

솔로몬왕은 누가 남자아이의 엄마인지 알았다고 하며, 아이의 진짜 엄마에게 아이를 돌려주었습니다.

솔로몬 왕은 어떻게 진짜 아이의 엄마를 알아냈을지 빈칸을 채워 보세요. [4 점]

정답 및 해설
예시 답안
·······› p.12

창의적 문제 해결 문항

02

☑ 유창성
☐ 융통성
☐ 독창성
☑ 정교성

우리가 살고 있는 지구는 24 시간 동안 아주 빠른 속도로 자전하고 있습니다. 다음 물음에 답해 보세요. [5 점]

(1) 지구의 표면은 몇 km/h 의 속력으로 자전하고 있을지 계산해 보세요. (지구의 둘레는 약 40,000 km 입니다.) [2 점]

(2) 지구가 자전해서 생기는 현상을 생각해 보고, 최대한 많이 써 보세요. (많이 쓸수록 점수가 높습니다.) [3 점]

창의적 문제 해결 문항

03

□ 유창성
□ 융통성
□ 독창성
☑ 정교성

더운 여름날 상상이는 냉장고에서 우유를 꺼내 마셨습니다. 우유가 남아있었지만 상상이는 깜빡하고 우유를 다시 냉장고에 넣지 않았습니다. 그렇게 우유를 밖에 놔둔 채로 상상이네 가족들은 며칠간 여행을 갔다 왔습니다. 집으로 돌아와 우유를 발견한 상상이가 우유 가까이 갔더니 냄새가 났습니다. 버리려고 조금 따라보니 발효되어 크림처럼 되어있었습니다. 이 우유는 왜 크림처럼 되었을지 설명해 보세요. [5 점]

정답 및 해설
예시 답안
·······› p.13

창의적 문제 해결 문항

04

☑ 유창성
☐ 융통성
☐ 독창성
☑ 정교성

무한이는 1 년 동안 한 번도 빠짐 없이 점심시간에 밥을 먹고 친구들과 함께 산책했습니다. 산책하고 있다가 무한이는 문득 6 개월 전에 산책할 때보다 오늘이 더 밝아 보인다고 생각했습니다. 6 개월 전과 오늘은 비나 눈이 오지 않았고 맑았습니다. 또한, 주변에 눈도 쌓여있지 않았습니다. 지금은 어떤 계절이고, 왜 밝아 보였는지 설명해 보세요.

[5 점]

창의적 문제 해결 문항

05

☐ 유창성
☑ 융통성
☐ 독창성
☑ 정교성

불볕더위가 이어지던 어느 여름날, 무한이는 TV 에서 자동차 보닛에 고기와 달걀을 굽는 실험 장면을 보았습니다. 고기와 달걀은 정말 노릇노릇하게 잘 익혀졌습니다. 자동차 보닛에서 고기와 달걀을 더 빨리 굽기 위해서는 어떻게 하면 될지 말해 보세요. [4 점]

정답 및 해설
예시 답안
……› p.14

창의적 문제 해결 문항

06

□ 유창성
□ 융통성
□ 독창성
☑ 정교성

가족들과 산에 다녀온 선영이는 멀리서 찍은 산의 모습을 그림으로 그리려고 합니다. 다음 질문에 답하며 선영이의 그림을 완성해 보세요. [6 점]

(1) 구름 아래에 그림자가 있습니다. 구름과 구름 그림자의 크기는 어떨지 비교해 그려 보세요. [3 점]

(2) 산에는 수풀이 우거져 푸르렀습니다. 선영이가 그린 두 개의 산 중 하나는 선영이 사진을 찍을 당시 가까이 있었고, 하나는 멀리 있었습니다. 두 산 중 하나는 진하고 어두운 초록색이었고, 다른 하나는 옅고 밝은 초록색으로 보였습니다. 각각의 산에 알맞은 색을 채워 넣어 보세요. [3 점]

STEAM 융합 문항

07 다음 자료를 읽고 물음에 답해 보세요. [12 점]

피의 구성 성분과 혈액형

혈액은 혈장(약 55 %)와 혈구(약 45 %)로 이루어져 있다. 혈장은 90 % 가 물이며 여러 영양소 및 호르몬, 효소가 녹아있다. 혈장은 세포에 영양소를 운반해 주며 세포로부터 노폐물, 이산화 탄소를 운반한다. 혈구는 적혈구, 백혈구, 혈소판으로 이루어져 있고, 혈장에 실려 이동한다.

적혈구의 표면에는 A, B, AB, O 형을 나누는 성분이 붙어있고, 각각 단백질, 당, 지방의 구성성분 비가 다르다. 혈장에는 서로 다른 혈액이 섞였을 때 적혈구끼리 서로 엉겨 혈구 덩어리가 형성되는 반응을 일으키는 성분이 들어있다.

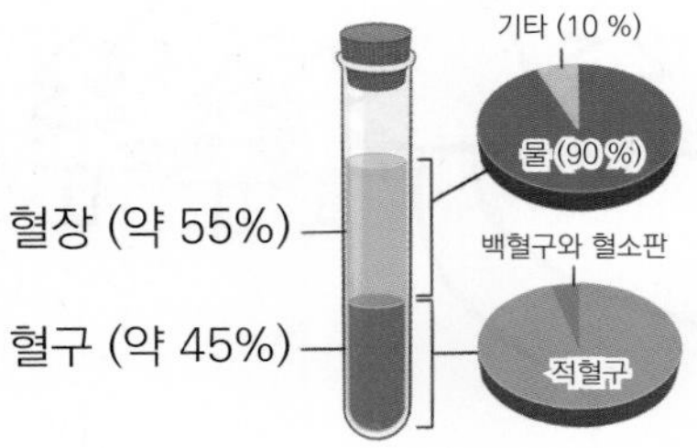

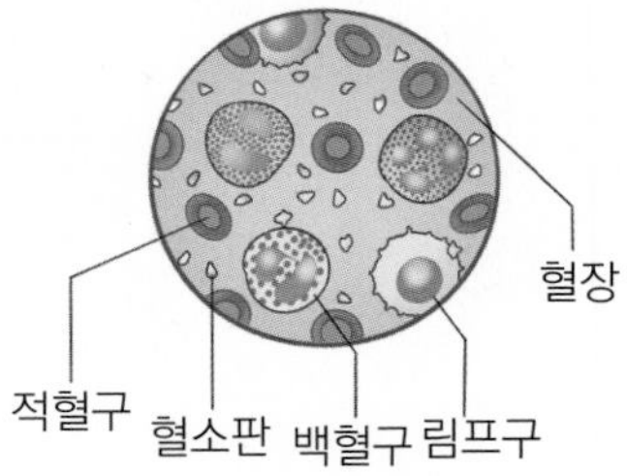

사람의 피를 먹는 모기

암컷 모기가 사람의 피를 먹는 이유는 알을 낳기 위해서 동물의 단백질과 산소를 공급받고, 차가운 피를 마시며 더위를 피하기 위해서이다. 모기는 후각이 매우 발달되어있기 때문에 사람이나 동물에게 다가갈 때 냄새로 움직인다. 특히 땀 냄새를 좋아한다. 그래서 땀을 많이 흘리는 사람일수록 모기에게 잘 물릴 수 있다. 또한, 모기는 이산화탄소를 감지하는데, 우리의 날숨으로 나오는 이산화탄소를 따라 다가온다. 운동 직후에 모기를 많이 물리는 이유는 땀을 많이 흘리고 호흡량이 많아져 이산화 탄소가 많이 나오기 때문이다.

(1) '혈액형에 따라서 성격에 차이가 있다.'라는 주장이 타당한지 주어진 자료를 이용해 자기 생각을 써 보세요. [3 점]

정답 및 해설
예시 답안
……› p.15

(2) 어떤 사람이 모기에 잘 물릴지 다양하게 써 보세요. [3 점]

(3) 자료를 바탕으로 '모기에 더 잘 물리는 혈액형은 없다.' 라는 주장을 찬성 측의 입장에서 서술해 보세요. [3 점]

(4) 여름철 모기를 퇴치할 방법 한 가지를 구체적으로 설명해 보세요. [3 점]

STEAM 융합 문항

08 **무한이는 스파게티 소스를 만들기 위해서 토마토를 으깨서 놋쇠 그릇에 담아 두었습니다. 토마토 양이 많아 으깬 토마토가 그릇에 가득 담겼습니다. 이물질이 들어가는 것이 신경 쓰였던 무한이는 알루미늄 포일을 꺼내서 으깬 토마토를 덮고, 아무도 만지지 못하도록 뚜껑을 닫았습니다. 한참이 지난 후, 으깬 토마토가 담긴 통의 뚜껑을 열어보니, 알루미늄 포일에 구멍이 뚫려 있었습니다. 다음 글을 읽고 물음에 답하세요. [12 점]**

과일 전지 만들기

1. 과일을 2 등분하여 각각의 조각에 아연판과 구리판을 1 개씩 꽂는다.
2. 꽂혀있는 구리판과 아연판을 집게선으로 연결한다.
3. 나머지 아연판과 구리판을 전구와 연결한다.

과일 전지에서 과일의 산성 성분이 아연판을 산화시키고, 이 과정에서 아연은 전자를 잃게 된다. 아연에서 나온 전자는 과일을 통해 구리로 이동하고 전류가 흐르게 된다.

*산화 : 전자를 잃는 것
환원 : 전자를 얻는 것

정답 및 해설
예시 답안
……› p.16

금속의 반응성

금속의 반응성이 클수록 전자를 잃기 쉽다.

칼륨 〉 칼슘 〉 나트륨 〉 마그네슘 〉 알루미늄 〉 아연 〉 철 〉 주석 〉 납 〉 (수소) 〉 구리 〉 수은 〉 은

구리와 아연의 전자 교환

푸른색 황산구리 수용액에 아연판을 넣으면 아연판이 녹으면서 그 표면에 붉은색 물질이 석출되고 수용액의 푸른색이 점차 옅어진다. 이것은 물속에서 녹아 있던 구리 이온이 금속 구리로 변했기 때문에 나타나는 현상이다.

구리 이온은 구리가 전자를 잃은 것이고, 구리는 구리 이온이 전자를 얻은 것이다. 즉, 물속의 구리 이온이 구리가 된다는 것은 어디선가 전자를 얻었다는 얘기다. 그리고 황산구리 수용액에 아연판을 넣었더니 구리가 생겼다는 것은 아연이 구리에게 전자를 주었음을 보여준다. 즉, 아연이 구리 이온에 전자를 주고 산화하여 아연 이온이 되고 구리 이온은 전자를 얻어 금속 구리로 환원되었기 때문에 황산 구리 수용액에서 아연이 녹고 구리가 석출된 것이다.

(1) 무한이가 포일에 구멍을 뚫은 적이 없는데, 왜 구멍이 뚫려 있었을지 설명해 보세요. [6 점]

(2) 토마토 소스를 알루미늄 포일로 덮었을 때 구멍이 뚫리지 않게 하는 방법을 쓰세요. [6 점]

꾸러미 모의고사

4회

과학

초등 1-3

- 총 문제수 : 8 문제
- 시험시간 : 70 분
- 총점 : 48 점
- 문항에 따라 배점이 다릅니다.
- 필기구 외에 계산기 등은 사용할 수 없습니다.

모의고사 점 수	나의 점수	총 점수
		48 점

영재성 검사 문항

01

□ 유창성
□ 융통성
□ 독창성
☑ 정교성

군인들은 어느 숲 속의 오솔길들을 감시하는 임무를 받았습니다. 다행히 길이 직선으로 뻗어 있어서 군인들은 길 끝까지 한눈에 다 볼 수가 있습니다. 아래의 숲 속에 난 여러 갈래의 오솔길은 알파벳이 써 있는 교차로에 3 명의 군인을 배치하면 한꺼번에 감시할 수 있습니다. 군인 3 명을 각각 어디에 배치해야 모든 오솔길을 감시할 수 있을지 세 교차로에 해당하는 알파벳을 모두 쓰세요. [5 점]

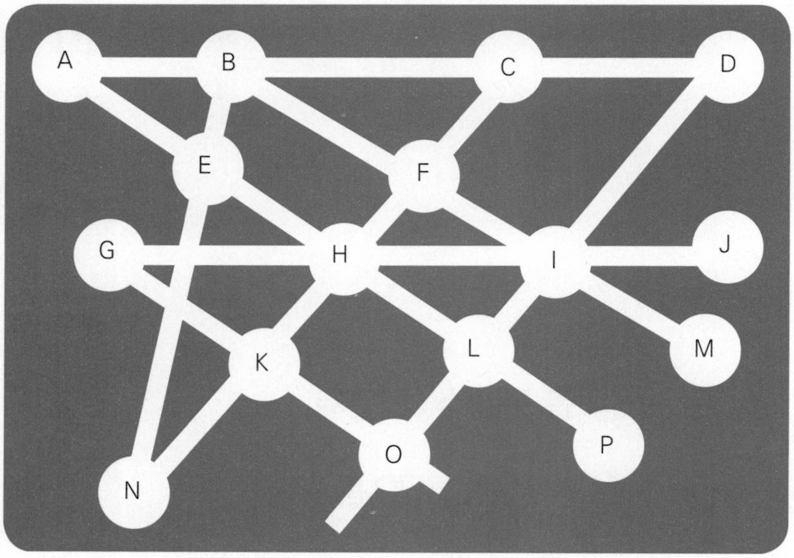

정답 및 해설
예시 답안
P. 17

창의적 문제 해결 문항

02

□ 유창성
☑ 융통성
□ 독창성
□ 정교성

무한이는 엄마가 사온 아이스크림이 담긴 봉지에 같이 들어 있었던 드라이아이스를 녹여서 없애기 위해 싱크대에 쏟고 따뜻한 물을 틀었습니다. 그 순간 드라이아이스 주변에서 엄청난 연기가 발생하여 무한이는 깜짝 놀랐습니다.

무한이 주변에서 발생한 이 연기는 불이 났을 때 발생하는 연기처럼 무한이에게 위험할까요? 위험하지 않을까요? 답을 쓰고, 이유를 설명해 보세요. [4 점]

창의적 문제 해결 문항

03

□ 유창성
☑ 융통성
□ 독창성
☑ 정교성

영화 <쥬라기 공원2> 에 등장하는 공룡은 티라노사우루스입니다. 영화 속에서는 사람과 티라노사우루스가 쫓고 쫓기는 싸움을 벌이고, 그 싸움 속에서 많은 사람이 티라노사우루스에 의해 희생당합니다. [5 점]

(1) 티라노사우루스는 큰 머리에 강력한 힘을 가진 턱과 이빨이 있고, 튼튼한 다리와 꼬리를 가지고 있어 지구 역사상 가장 사나운 포식자로 알려졌습니다. 이에 반해 앞발은 매우 짧게 진화했는데, 그 이유가 무엇일지 설명해 보세요. [3 점]

(2) 티라노사우루스는 몸에 비해 짧은 앞발을 어디에 사용했을지 추측하여 써 보세요. [2 점]

정답 및 해설
예시 답안
·······› P. 18

창의적 문제 해결 문항

04

□ 유창성
☑ 융통성
□ 독창성
☑ 정교성

다음 무한이와 상상이의 대화를 읽고, 물음에 답해 보세요. [6 점]

무한 : 오늘 엄마가 체감 온도가 낮으니까 따뜻하게 입으라고 했는데···. 진짜 춥다!

상상 : 체감 온도? 그게 뭐야? 오늘 기온을 말하는 거야?

무한 : 아니야. 오늘 기온과는 달라. 체감 온도는 우리 몸이 느끼는 온도를 말하는데, 오늘 기온에서 바람이 얼마나 부느냐에 따라 정해져. 겨울에는 바람이 많이 불수록 체감 온도가 낮아.

상상 : 왜 바람이 많이 불수록 체감 온도가 낮아지는 거야?

(1) 상상이의 마지막 질문에 대한 답을 써 보세요. [3 점]

(2) 무한이는 체감 온도가 바람이 부는 정도로 정해진다고 설명했습니다. 체감 온도에 영향을 주는 것은 바람 외에 또 무엇이 있을지 설명해 보세요. [3 점]

창의적 문제 해결 문항

05

- ☐ 유창성
- ☑ 융통성
- ☐ 독창성
- ☑ 정교성

혜원이네 가족은 여름에 개울에 놀러 갔습니다. 혜원이는 물놀이를 하다가 돌 근처의 식물 잎에 앉아있는 청개구리를 발견했습니다. 그 청개구리의 등 색은 보호색으로, 식물 잎의 색과 같아서 자신의 모습을 숨기고 있었습니다. [5 점]

(1) 혜원이가 놀러 간 개울에는 청개구리가 살고 있었습니다. 청개구리가 살고 있는 개울의 환경적 특성을 써 보세요. [2 점]

(2) 개구리가 보호색을 이용하는 것 외에 자신을 보호하는 방법에는 또 무엇이 있을지 써 보세요. (많이 쓸수록 점수는 높아집니다.) [3 점]

정답 및 해설
예시 답안
……› P. 19

창의적 문제 해결 문항

06 다음은 자석의 성질을 이용한 철판 분리기입니다. 철판 분리기는 여러 장 겹쳐진 철판을 쉽게 들어 올릴 수 있도록 분리시켜 주는 장치입니다. [5 점]

☐ 유창성
☑ 융통성
☐ 독창성
☑ 정교성

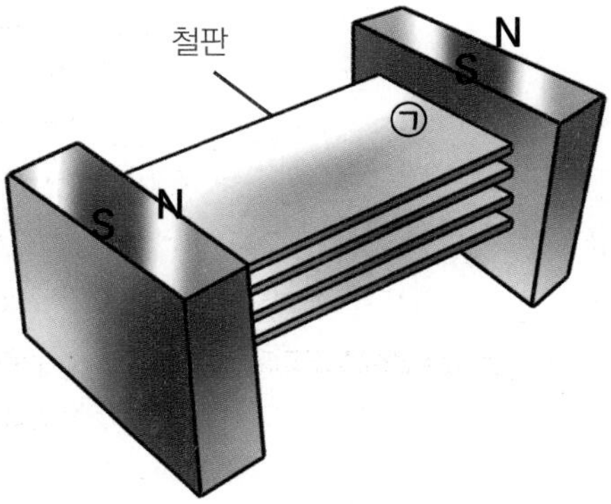

(1) 철판의 오른쪽(㉠) 부분은 S 극과 N 극 중 어떤 극으로 자화되는지 써 보세요. [2 점]

(2) 각각의 철판이 일정한 간격으로 분리될지 아니면 각 철판 사이의 거리가 점점 멀어지면서 분리될지 설명해 보세요. [3 점]

STEAM 융합 문항

07 다음 글을 읽고, 물음에 답해 보세요. [8 점]

초음속 여객기

축구 선수인 손흥민 선수는 최근 아시안게임과 영국 프리미어리그를 오가며 살인적인 일정을 소화하고 있다. 잉글랜드, 한국, 인도네시아, 미국 등 여러 나라를 이동하며 오랜 시간 장거리 비행을 하기 때문이다. 이 시기 동안 손흥민 선수가 비행기로 이동한 거리는 약 76,765 km 라고 한다. 그런데 손흥민 선수처럼 오랜 시간 장거리 비행을 해야 하는 사람들에게 희소식이 있다. 전 세계 항공 기업들이 초음속 여객기 개발에 뛰어들고 있기 때문이다. 초음속 여객기를 탄다면 11 ~ 12 시간이 걸리는 인천 – 런던 구간을 불과 3 시간 만에 갈 수 있다. 미국의 벤처기업 '붐 테크놀로지' 는 2025 년 상용화를 목표로 초음속 여객기 'XB-1' 을 개발하고 있다. 현재 일반 여객기의 속도는 시속 700 – 800 km 이다. 초음속 여객기는 이보다 두 배 이상 빠르다. 붐 테크놀로지의 XB-1 은 마하 2.2 로 비행하는 것이 목표인데, 이것은 현재 7 시간 이상 소요되는 뉴욕과 런던 구간을 3 시간 15 분 만에 갈 수 있는 속도다. 사실 초음속 여객기는 이미 등장한 적이 있다. 1976 년 영국과 프랑스가 공동으로 개발한 '콩코드' 가 있었다. 콩코드는 마하 2 의 속도로 파리와 뉴욕 구간을 3 시간 만에 갈 수 있었다. 하지만 가장 큰 문제였던 엄청난 소음 때문에 2003 년을 끝으로 운항이 중지됐다.

▲ 붐 테크놀로지의 'XB-1'

공기의 저항

스카이다이버들이 하늘에서 떨어지면서 낙하산을 펼치면 다치지 않고 땅으로 내려올 수 있는 이유는 공기 저항력 때문이다. 스카이다이버들이 비행기에서 뛰어내리면 지구가 잡아당기는 중력을 받아 밑으로 떨어지면서 속도가 빨라진다. 이때 낙하산을 펼치면 속도가 순식간에 느려지는데 이것은 낙하산의 넓은 면적으로 공기의 저항력을 받기 때문이다. 공기 저항력은 떨어지는 물체의 속도가 빠를수록, 물체의 표면적이 클수록 크다.

▲ 스카이다이버

정답 및 해설
예시 답안
·······› P. 20

(1) '콩코드' 의 운행이 왜 중단되었을지 글을 참고하여 써 보세요. [3 점]

▲ 콩코드

(2) '콩코드' 의 가장 큰 문제점은 소음이었습니다. 소리가 퍼져나가는 속도보다 비행기의 속도가 더 빨라 비행기 뒤쪽에서 파동이 겹치면서 음파가 증폭되고, 이 소리가 땅으로 도달하면 우리 귀에 굉음으로 들렸습니다. 이러한 초음속 여객기의 소음 문제를 어떻게 해결할 수 있을지 방법을 설명해 보세요. [5 점]

STEAM 융합 문항

08 다음 글을 읽고, 물음에 답해 보세요. [10 점]

초식 동물

말에게는 있지만, 소에게 없는 것은 무엇일까? 그것은 바로 윗앞니이다. 소는 초식 동물이고 질긴 풀을 먹는 대표적인 동물인데 왜 윗앞니가 없는 걸까?
소는 긴 혀를 내밀어 풀을 휘감아 끊어서 우걱우걱 씹어먹는다. 해가 진 밤에도 소는 뭔가를 질겅질겅 씹어 먹는다. 바로 되새김질을 하는 것이다. 소는 윗앞니가 없지만, 풀을 뜯어 먹을 수 있다. 혀로 풀을 휘감아 위 잇몸에 단단히 고정시키고 아랫앞니를 들어 올려 낫으로 풀을 베듯 끊어 먹는다.

▲ 윗 앞니가 없는 소의 모습

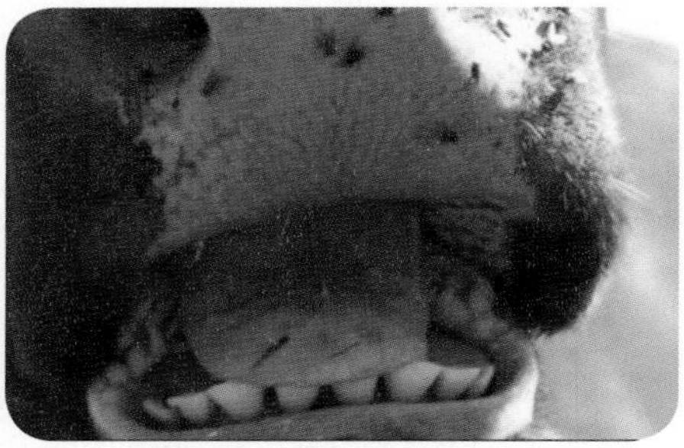

▲ 윗 앞니가 없는 소의 모습

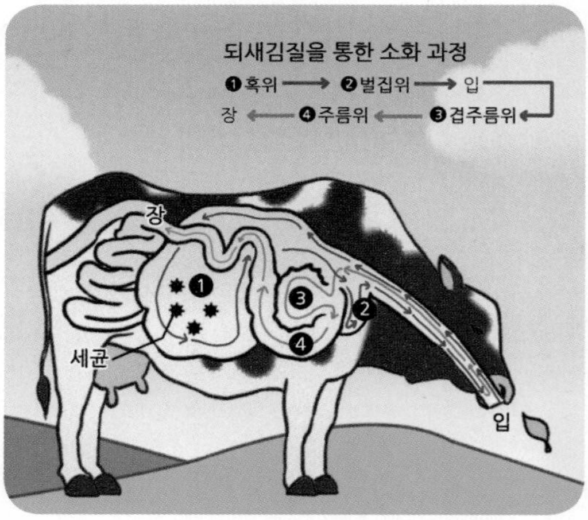

소와 같은 되새김질을 하는 초식 동물은 자신을 노리는 육식 동물을 본능적으로 경계하여, 낮에는 가능한 한 많은 풀을 뜯어 먹고, 밤에는 안전한 곳에서 되새김질을 하며 낮에 먹은 풀을 천천히 소화시킨다. 소는 되새김질을 하기 위해서 위가 4 개로 제 1 위(혹위), 제 2 위(벌집위), 제 3 위(겹주름위), 제 4 위(주름위)가 있다. 소가 풀을 뜯어 먹게 되면 제일 먼저 제 1 위(혹위)로 간다. 혹위에는 풀의 섬유질을 부드럽게 하여 쉽게 소화시켜 주는 세균이 있다. 세균과 혼합된 먹이는 제 2 위(벌집위)로 이동한다. 벌집위의 점막은 빨래판처럼 울퉁불퉁하게 생겼는데 혹위에서 건너온 부드러운 먹이는 벌집위에서 조그마한 덩어리로 뭉쳐진다. 그렇게 뭉쳐진 음식물 덩어리를 다시 입으로 토하여 씹게 되는데 이것이 되새김질이다. 되새김질한 먹이는 이제야 제 3 위(겹주름위)에서 더 잘게 부서지고, 제 4 위(주름위)를 거치면서 완전히 소화된다.

정답 및 해설
예시 답안
……› P.21

(1) 아래의 그림처럼 초식동물은 맹장과 대장이 길어 육식동물보다 긴 소화관을 가지고 있습니다. 초식동물은 왜 긴 소화관을 가지고 있을지 설명해 보세요. [2 점]

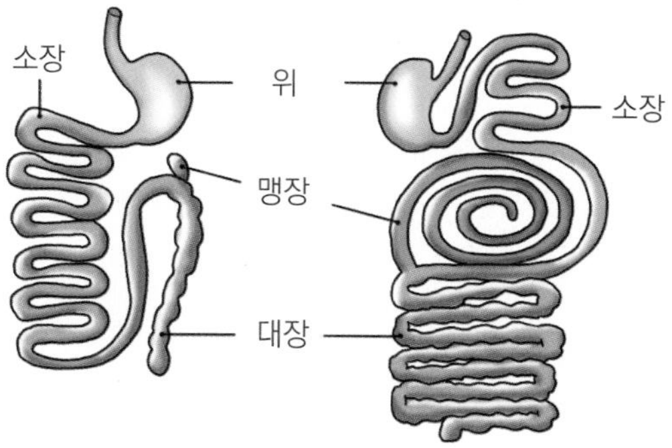

▲ 육식동물(코요태) ▲ 초식동물(코알라)

(2) 초식 동물은 위에서 풀 속의 단백질을 소화시킵니다. 소의 되새김질은 풀을 천천히 소화시키는 것 외에 또 어떤 역할을 할지 써 보세요. [4 점]

(3) 소가 주식으로 먹는 풀은 사람이 먹는 채소와 비슷한 성분을 가지고 있습니다. 그렇다면 식물을 재료로 만든 음식만을 먹고 사는 채식주의자도 소처럼 큰 문제 없이 살아갈 수 있을지 설명해 보세요. [4 점]

꾸러미 모의고사

5회

과학

초등 1-3

- 총 문제수 : 8 문제
- 시험시간 : 70 분
- 총점 : 54 점
- 문항에 따라 배점이 다릅니다.
- 필기구 외에 계산기 등은 사용할 수 없습니다.

	나의 점수	총 점수
모의고사 점 수		54 점

05 꾸러미 48 제 모의고사

영재성 검사 문항

01

- ☐ 유창성
- ☐ 융통성
- ☐ 독창성
- ☑ 정교성

무한이는 새로운 축구 동아리의 리더를 맡았습니다. 오늘 동아리에 가입한 친구들이 처음 모이는 자리라서 각각 이름표를 붙이고 자신을 소개하는 시간을 갖기로 했습니다. 무한이는 가로의 길이가 30 cm, 세로의 길이가 16 cm 인 직사각형 모양의 종이를 가로 6 cm, 세로 5 cm 인 직사각형 모양으로 잘라서 이름표를 만들려고 합니다. 무한이는 한 장의 종이로 최대 몇 개의 이름표를 만들 수 있을지 구해 보세요. [5 점]

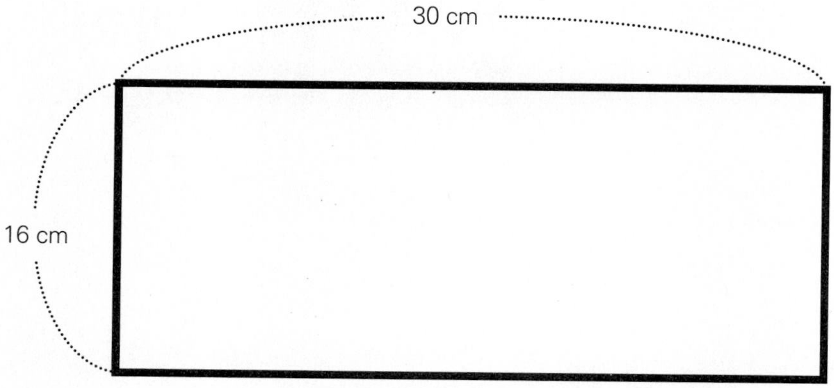

창의적 문제 해결 문항

02

□ 유창성
☑ 융통성
□ 독창성
☑ 정교성

오늘 선영이와 혜원이는 학교가 끝나고 날씨가 너무 더워서 편의점에 들러 아이스크림을 사 먹었습니다. 그런데 선영이가 아이스크림을 먹으려고 입에 가까이 대는 순간 아이스크림이 입술에 붙었습니다. 선영이는 놀라서 혜원이를 봤지만, 혜원이는 자신의 아이스크림을 입술에 갖다 대도 붙지 않았습니다. 선영이의 아이스크림만 왜 입술에 붙었을지 설명해 보세요. [5 점]

창의적 문제 해결 문항

03 **무한이와 상상이는 과학 시간에 소리에 대해서 배우고 난 뒤, 빨대 피리를 만들어서 공부한 내용을 복습하기로 했습니다. [5 점]**

□ 유창성
☑ 융통성
□ 독창성
☑ 정교성

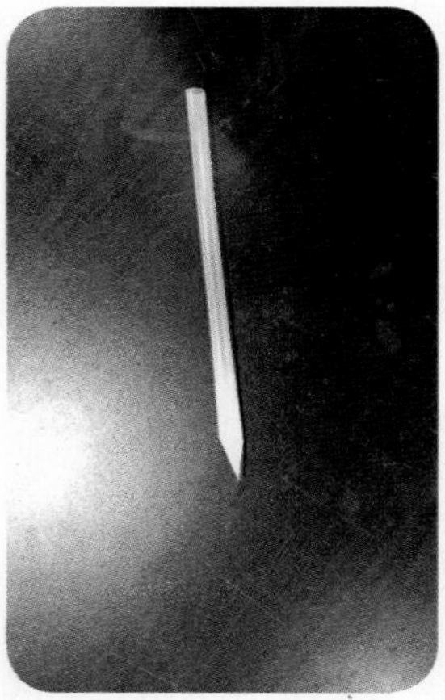

(가), 무한이가 만든 빨대 피리

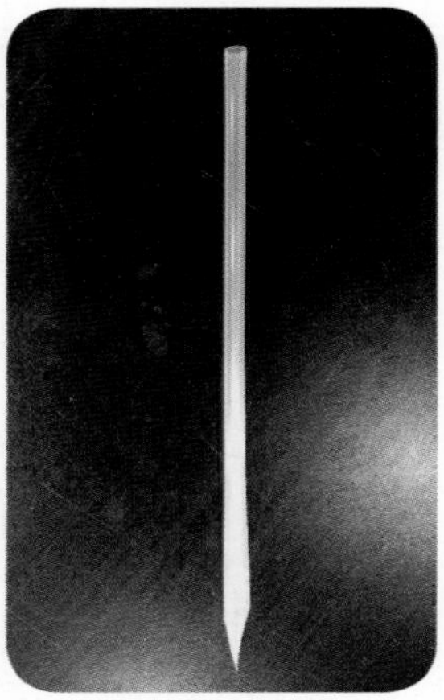

(나), 상상이가 만든 빨대 피리

(1) 무한이와 상상이가 만든 빨대 피리에서는 서로 다른 높이의 소리가 났습니다. 더 높은 소리를 내는 빨대 피리의 기호를 써 보세요. [2 점]

(2) 무한이와 상상이가 빨대 피리를 불면서 소리를 듣고 있는데, 옆에 있던 영재가 장난으로 빨대의 끝을 손가락으로 막아버렸습니다. 이때 무한이와 상상이의 빨대 피리에서는 더 낮은 소리가 났을까요? 더 높은 소리가 났을까요? 답을 쓰고, 설명해 보세요. [3 점]

정답 및 해설
예시 답안
P. 24

창의적 문제 해결 문항

04

□ 유창성
□ 융통성
□ 독창성
☑ 정교성

무한이는 가족과 호수에 놀러 갔을 때, 물에 던진 돌멩이가 물속으로 가라앉는 것을 보았습니다. 그 순간 무한이는 물에 던진 돌멩이는 가라앉는데, 돌멩이를 실은 배는 어떻게 바다 위에 떠 있을 수 있는지 궁금해졌습니다. 그 이유가 무엇일지 설명해 보세요. [6 점]

창의적 문제 해결 문항

05

□ 유창성
☑ 융통성
□ 독창성
☑ 정교성

소나무는 씨방이 없어 씨가 겉으로 드러나는 겉씨식물입니다. 소나무의 열매인 솔방울은 주변의 습도가 높아 수분을 많이 흡수하면 오므라들고, 주변의 습도가 낮으면 다시 펴집니다. [5 점]

▲ 솔방울 닫힌 모습

▲ 솔방울 열린 모습

(1) 솔방울이 주변의 습도에 따라 오므라들거나 펴지는 이유가 무엇일지 써 보세요. [3 점]

(2) 오른쪽 그림은 소나무의 씨앗을 나타낸 것입니다. 그림을 보고 소나무의 씨앗은 어떤 방법으로 퍼뜨려질지 설명해 보세요. [2 점]

창의적 문제 해결 문항

06

☑ 유창성
☐ 융통성
☐ 독창성
☑ 정교성

오늘 혜원이는 영재에게 신기한 현상을 보여줬습니다. 혜원이는 삼각 플라스크에 물을 가득 채우고 종이를 삼각 플라스크의 입구보다 크게 네모 모양으로 잘랐습니다. 그리고서 물이 가득 차 있는 삼각 플라스크의 입구에 종이를 올려놓고 그대로 뒤집었습니다. 그런데 그 종이는 아래로 떨어지지 않고 입구에 그대로 붙어 있었습니다. [6 점]

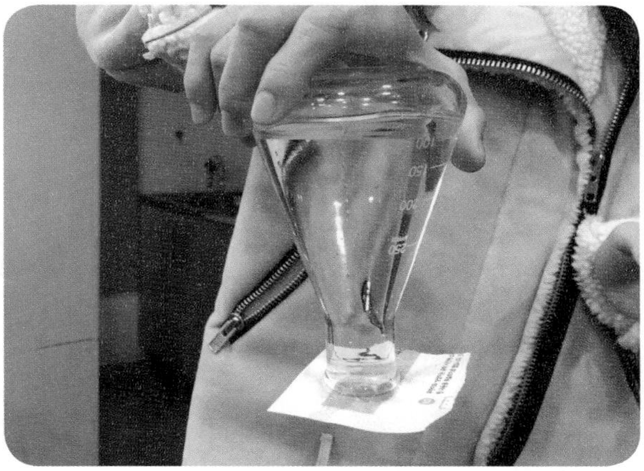

(1) 삼각 플라스크를 뒤집었을 때, 종이가 왜 떨어지지 않았을지 써 보세요. [3 점]

(2) 우리 주변에서 대기압 때문에 나타나는 현상을 써 보세요. [3 점]

STEAM 융합 문항

07 다음 글을 읽고, 물음에 답해 보세요. [12 점]

유리

유리는 모래, 탄산소다, 석회암을 적절한 비율로 섞은 후 높은 온도에서 녹인 뒤 냉각시켜 만든다. 유리는 고온에서 원하는 모양으로 만들 수 있다. 또한, 투명하여 빛을 통과시키고 색을 입히기 쉽다는 성질을 때문에 창문, 컵, 안경의 렌즈와 같은 생활 용품이나 장식품 등을 만드는 데 많이 쓰이고 있다. 하지만 유리는 깨지기 쉽다는 단점이 있다. 유리는 깨지면 큰 조각부터 작은 조각까지 여러 크기로 깨지고 일부는 가루가 되므로 처리하기 힘든 물질이다.

▲ 유리컵

▲ 유리 장식품

많은 사람이 '유리는 고체일까? 아니면 액체일까?' 라는 궁금증을 가지고 있다. 물질에는 세 가지 상태 즉, 고체, 액체, 기체가 있다. 실온, 1 기압에서 고체처럼 보이는 유리는 높은 온도에서 녹인 후 냉각시키면 굳는 속도가 매우 빨라 결정이 불규칙적으로 배열된다.

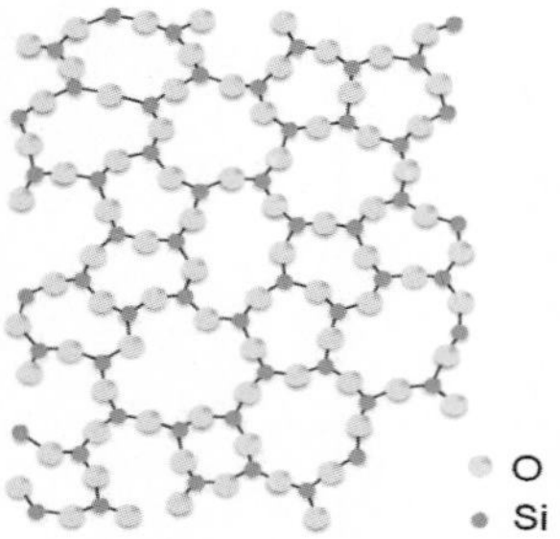

▲ 석영 유리의 결정 구조

정답 및 해설
예시 답안
……› P.27

(1) 유리는 고체와 액체 중 무엇에 더 가깝다고 생각하는지 쓰고 고체와 액체가 갖는 성질과 관련지어 설명해 보세요. [3 점]

(2) 유리처럼 액체와 고체의 구별이 명확하지 않은 물질에는 또 무엇이 있을지 써 보세요. [3 점]

(3) 유리의 특성을 생각해 볼 때 자신은 유리가 예쁘다고 생각하는지, 예쁘지 않다고 생각하는지 이유와 함께 써 보세요. [6 점]

STEAM 융합 문항

08 다음 글을 읽고, 물음에 답해 보세요. [10 점]

포항에서 규모 5.4 강진··· 아스팔트 갈라지고 외벽 와르르 무너져

기상청은 15 일 "이날 오후 2 시 29 분에 경북 포항시 북구 북쪽 9 km 지역에서 규모 5.4 의 지진이 발생했다"고 발표했다. 본진이 발생한 이후에도 계속해서 여진이 9 차례나 이어졌다. 이 지진은 포항뿐만 아니라 전국 곳곳에서 느껴졌으며 건물이 흔들리는 데 놀란 주민들이 건물 밖으로 대피하는 혼란이 이어졌다. 포항 곳곳에서는 도로가 갈라지고 건물 외벽이 무너져 근처에 세워둔 차량이 부서졌다. 그래서 임산부와 노약자는 대피할 때 더 큰 곤란을 겪었다. 포항시 북구 한 아파트에 거주하는 임산부 이씨는 "거실 장식장에 둔 도자기가 순간적으로 공중에 떴다가 밑으로 떨어져 금이 가고 깨질 정도였다"며 지진 순간을 떠올렸다. 그리고서 "주방에서도 '와장창' 소리가 났지만, 너무 무서워 보지도 못하고 얇은 임산부복 위에 외투만 걸치고 밖으로 대피했다." 고 말했다.
[발췌 : 20XX.11.15 한겨레]

포항지진 발생의 원인을 밝히다 : '인근 지열 발전소' 의 문제

2017 년 11 월에 발생한 포항지진이 사전 준비 없이 조급하게 추진된 인근 지열 발전소가 원인이었다는 조사 결과가 나왔다. 지열 발전은 지하에 구멍을 뚫고 물을 넣어 땅의 열로 데운 뒤 발생한 수증기로 전기를 생산하는 방식이다. 이때 땅을 4 ~ 5 km 정도로 깊게 파서 지하에 물을 주입하고 빼낼 때 지반이 약해질 가능성도 크다. 포항지진과 지열 발전의 연관성을 분석하기 위해 대한지질학회 주관으로 약 1 년여간 연구를 수행한 결과 지열 발전을 위해 주입한 고압의 물이 알려지지 않은 단층을 활성화시켜 지진이 일어났다고 설명했다. 지열이 높은 지진·화산대가 지열 발전에 유리하지만 이런 지역은 단층 활동도 활발해 지진 위험이 큰 곳이다. 이러한 연구 이전에도 포항지진이 발생한 직후, 사람들은 이 지진이 지열 발전소와 관련이 있을 것이라는 주장을 하곤 했다.

(1) 포항에서 발생한 지진은 자연적으로 발생한 지진이 아니라는 연구 결과가 나왔습니다. 자연적으로 발생하는 지진 외에 우리가 지진을 발생시킬 수 있을지 설명해 보세요. [4 점]

(2) 지진을 대비하기 위해 건물 안에 설치하는 배관을 고정시키지 않고 스프링 행거에 걸어 놓거나 건물 외벽에는 내진 구조물을 설치합니다. 스프링 행거와 건물 외벽 구조물이 지진 발생의 피해를 줄일 수 있는 원리가 무엇일지 써 보세요. [6 점]

▲ 배관 스프링 행거

▲ 건물 외벽 구조물

꾸러미 모의고사

6회

과학

초등 1-3

- 총 문제수 : 8 문제
- 시험시간 : 70 분
- 총점 : 54 점
- 문항에 따라 배점이 다릅니다.
- 필기구 외에 계산기 등은 사용할 수 없습니다.

모의고사 점 수	나의 점수	총 점수
		54 점

06 꾸러미 48 제 모의고사

영재성 검사 문항

01

- ☐ 유창성
- ☐ 융통성
- ☐ 독창성
- ☑ 정교성

무한이와 반 친구인 상상이, 선영이, 영재는 각각 여러 장의 카드를 나눠 가진 후에 카드의 수가 가장 많은 사람부터 반에서 자신이 앉고 싶은 자리에 먼저 앉을 기회를 얻기로 했습니다. 다음 <보기> 를 읽고, 자리에 가장 먼저 앉는 순서대로 적어 보세요.

[5 점]

<보기>

ㄱ. 무한이는 상상이나 영재의 카드 수의 2 배를 가지고 있다.
ㄴ. 상상이는 두 번째로 카드의 수가 많다.
ㄷ. 선영이는 무한이나 상상이의 카드 수의 3 배를 가지고 있다.

정답 및 해설
예시 답안
……> P. 29

창의적 문제 해결 문항

02

☐ 유창성
☐ 융통성
☐ 독창성
☑ 정교성

무한이는 운동장의 흙과 화단의 흙 중 어느 곳에서 식물이 더 잘 자라는지 궁금했습니다. 그래서 무한이는 운동장의 흙과 화단의 흙을 각각 화분에 담고 식물을 키워보기로 했습니다. 다음 물음에 답해 보세요. [6 점]

운동장의 흙

화단의 흙

(1) 무한이가 식물을 키울 때, 같게 해야 할 조건과 다르게 해야 할 조건을 쓰세요. [3 점]

같게 해야 할 조건	
다르게 해야 할 조건	

(2) 어느 화분에서 식물이 더 잘 자랐을지 쓰고 이유를 말해 보세요. [3 점]

창의적 문제 해결 문항

03

□ 유창성
☑ 융통성
□ 독창성
☑ 정교성

무한이는 공기가 새어나가지 않게 종이 상자를 만들어 입구를 막고, 상자의 한쪽 면 가운데에 둥근 구멍을 뚫었습니다. 그 후, 구멍이 뚫린 면의 정면에 촛불을 같은 간격으로 6 개 놓고 상자의 옆면을 양쪽 손바닥으로 일정한 시간 간격으로 두드렸더니 앞에서부터 두 번째 촛불까지 꺼졌습니다. [5 점]

(1) 무한이는 무엇을 알아보기 위해 이 실험을 했을지 써 보세요. [2 점]

(2) 무한이는 크기가 작은 풍선과 크기가 큰 풍선을 똑같이 팽팽하게 불고 공기가 빠져나가지 않도록 풍선의 입구를 잡고 있었습니다. 그리고 앞쪽을 향해 동시에 손을 떼면 어떤 풍선이 더 멀리 날아갈지 설명해 보세요. [3 점]

창의적 문제 해결 문항

04

□ 유창성
□ 융통성
□ 독창성
☑ 정교성

선영이와 혜원이, 훈영이는 각각 클립 한 개씩을 준비하여 <보기> 와 같이 서로 다른 방법으로 클립을 자화시킨 후 철가루 가까이에 가져갔습니다. 이때 클립에 붙은 철가루가 가장 적은 사람이 오늘 학교가 끝나고 집에 가는 길에 떡볶이를 사주기로 했습니다.

<보기>

선영 : 한 개의 막대자석의 가운데에서 클립을 한쪽 방향으로 20 번 문질러서 자화시켰다.
혜원 : 한 개의 막대자석의 극 부분 위에서 클립을 한쪽 방향으로 20 번 문질러서 자화시킨 후 알코올램프에 달궜다.
훈영 : 한 개의 막대자석의 한쪽 극 부분 위에서만 클립을 여러 방향으로 20 번 문질러서 자화시켰다.

선영이와 혜원이, 훈영이 중 집에 가는 길에 떡볶이를 산 사람은 누구일지 쓰고, 설명해 보세요. [5 점]

창의적 문제 해결 문항

05

- □ 유창성
- □ 융통성
- □ 독창성
- ☑ 정교성

오늘 상상이는 아빠와 함께 시골 할머니네 가서 나무를 심기로 했습니다. 상상이는 아빠가 준비한 어린나무를 학교에서 배운 방법대로 심고, 자신이 심은 나무를 표시하기 위해 칼로 어린나무의 줄기에 하트 모양을 새겨 넣었습니다. [6 점]

(1) 상상이가 2 년 뒤에 이 나무를 보러 왔을 때, 줄기에 새겨 둔 하트 모양의 높이와 크기는 어떻게 되어 있을지 써 보세요. [3 점]

(2) 상상이가 심은 나무는 상록수입니다. 나무는 보통 겨울이 되면 잎이 떨어지지만, 상록수는 겨울에도 잎이 있습니다. 상상이가 심은 상록수는 겨울에도 잎이 떨어지지 않는 이유가 무엇일지 써 보세요. [3 점]

정답 및 해설
예시 답안
P.31

창의적 문제 해결 문항

06

□ 유창성
☑ 융통성
□ 독창성
☑ 정교성

사막에서 볼 수 있는 버섯바위는 침식 작용으로 생성된 바위입니다. 이 바위는 윗부분보다 아랫부분이 침식 작용을 더 크게 받아 전체적으로 윗부분은 크고 아랫부분은 가는 버섯 모양으로 생겨 버섯바위라고 부릅니다. [5 점]

(1) 버섯바위는 무엇에 의해 침식 작용을 받았을지 써 보세요. [2 점]

(2) 우리 주변에서는 왜 이러한 버섯바위를 볼 수 없는지 사막의 환경과 관련지어 설명해 보세요. [3 점]

STEAM 융합 문항

07 다음 글을 읽고, 물음에 답해 보세요. [10 점]

공기

태극기가 바람에 펄럭이는 모습을 보거나 바람에 나뭇가지가 흔들리는 모습을 보면 우리 주변에 공기가 있음을 알 수 있다. 그런데 이러한 공기는 무게를 가지고 있을까? 다음과 같은 실험으로 공기에도 무게가 있는지 알아볼 수 있다.

〈실험 과정〉

1. 크기와 재질이 같은 두 개의 비치볼 각각에 손 펌프를 이용하여 공기를 팽팽하게 넣는다.
2. 나무 막대의 양쪽에 비치볼을 매달아 수평을 이루게 한다.
3. 한쪽 비치볼의 공기를 뺀 후 변화를 관찰한다.

〈실험 결과〉 공기를 빼지 않은 비치볼 쪽으로 나무 막대가 기운다.

이 실험 결과에서 공기를 빼지 않은 비치볼 쪽으로 나무 막대가 기운 이유는 공기는 무게를 가지고 있으므로 공기가 들어있는 비치볼이 더 무겁다는 것을 보여준다.

대기압

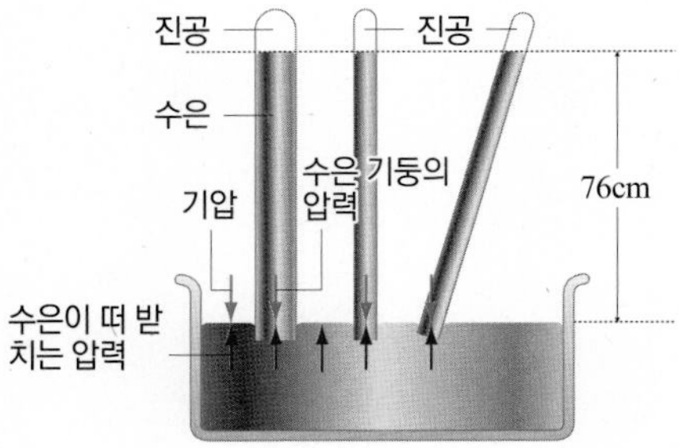

지구를 둘러싸고 있는 공기는 무게를 가지고 있고 그 무게로 지표면을 누르고 있다. 이때 일정한 면적을 누르고 있는 공기의 압력을 '대기압' 이라고 한다.

기압을 처음 측정한 사람은 이탈리아의 과학자 토리첼리이다. 토리첼리가 1643 년에 측정한 대기압은 지구를 둘러싼 공기에 의한 압력으로 시간과 장소에 따라 변한다. 토리첼리는 1 m 길이의 끝이 막혀 있는 유리관에 수은을 가득 채우고, 수은이 담긴 그릇에 거꾸로 세웠다. 그 결과 유리관 안에 있던 수은이 76 cm 높이까지 내려오다가 멈추었다. 유리관 속의 수은이 모두 쏟아져 나오지 않는 이유는 수은의 높이가 76 cm 일 때, 대기압과 수은 기둥이 누르는 압력이 같기 때문이다. 이 실험을 수은 대신 물로 하면 물은 10 m 높이까지 내려오다가 멈춘다. 따라서 대기압은 다음과 같이 정의한다.

대기압(1 기압) = 수은(Hg) 기둥의 높이가 760 mm 인 경우

= 760 mmHg = 76 cmHg = 10 m물(H_2O)

정답 및 해설
예시 답안
> P. 33

(1) 오른쪽 그림과 같이 2 개의 빨대 중 한 개는 물을 담은 컵 안에 있고, 다른 한 개는 컵 밖에 있습니다. 무한이가 이 두 개의 빨대를 동시에 빨았을 때, 컵 안의 물을 마실 수 있을지 설명해 보세요. [3 점]

(2) 달은 진공 상태이며 중력은 지구의 $\frac{1}{6}$입니다. 달에서 물이 증발하지 않도록 컵에 담고 빨대를 사용하여 물을 마실 수 있을지 설명해 보세요. [3 점]

(3) 아래의 그림과 같이 슈퍼맨은 아주 긴 빨대를 이용하여 그릇 속의 물을 빨아 마시려고 하고 있습니다. 그런데 슈퍼맨은 아무리 빨대를 빨아도 물을 마실 수 없었습니다. 그 이유를 빨대의 길이와 관련지어 설명해 보세요. [4 점]

STEAM 융합 문항

08 다음 글을 읽고, 물음에 답해 보세요. [12 점]

마찰력

마찰력은 면과 물체 사이에서 작용하는 힘으로, 면이 물체에 작용하여 물체의 운동을 방해하는 힘이다. 수평면에서 물체가 움직이고 있는 경우에 마찰력의 방향은 물체가 운동하는 방향과 반대이다. 수평면에서 물체가 정지해 있는 경우에 물체는 외부에서 작용하는 힘과 반대 방향으로 같은 크기의 마찰력을 받아 정지 상태를 유지한다.

마찰력의 크기는 물체가 접촉하는 접촉면의 표면이 거칠수록 큰 마찰이 작용하고, 같은 접촉면에서는 물체의 무게가 무거울수록 큰 마찰력이 작용한다. 등산용 신발이나 스포츠 선수들이 손에 묻히는 송진 가루 등은 마찰력을 크게 만들어 편리하게 사용하는 것이다. 반대로 전신 수영복은 마찰력을 작게 만들어 기록을 앞당기려고 사용하는 것이며, 스키나 미끄럼틀을 탈 때에는 마찰력이 작은 것이 유리하다.

(1) 아래의 그림처럼 혜원이가 물체를 밀 때, 물체에 작용하는 마찰력을 화살표로 표시해 보세요. (단, 화살표의 방향은 마찰력의 방향, 화살표의 길이는 마찰력의 크기를 나타냅니다.) [2 점]

……→ P. 34

(2) 자동차 바퀴에 홈이 있는 이유가 무엇일지 설명해 보세요. [3 점]

(3) 홈이 없는 타이어를 사용하는 자동차도 있을지 설명해 보세요. [3 점]

(4) 도로에서 볼 수 있는 보통의 자동차 바퀴와 눈이 많이 오는 날에 스노우 체인을 감은 자동차의 바퀴를 비교하여 설명해 보세요. [4 점]

▲ 스노우 체인을 감은 바퀴

저 하늘 높이 떠있는
너 만의 별을 딸 수 있도록
꾸러미가 함께 할게.

memo

무한상상

무한상상

아이앤아이

영재교육원 대비

정답 및 해설 & 예시 답안

과학

초등1~3

정답 및 해설 & 예시 답안

과학
초등1~3

나의 문제 해결력이 맞는지 체크하고
창의력 점수를 매겨보자

1 모의고사 1 회

▶ 총 8 문제입니다. 문제 배점은 각 문항별 평가표를 참고하면 됩니다.

▶ 1 번 : 영재성 검사 문항 / 2 ~ 6 번 : 창의적 문제 해결 문항 / 7 ~ 8 번 : STEAM 융합 문항

▶ 각 문항은 유창성, 융통성, 독창성, 정교성 네 가지의 창의력 요소를 기준으로 평가하였습니다.

유창성 : 특정 문제에 대해 제한된 시간 내에 다양한 해결책을 생각해 내었는지를 평가합니다. 질문의 의도에 타당한 답변의 개수가 많을 수록 높은 점수를 받습니다.

융통성 : 한 문제에 대해 여러 분야를 넘나들며 많은 해결책을 제시하였는가를 평가합니다. 답안이 서로 분야 혹은 범주가 겹치지 않는 답변이 많을 수록 높은 점수를 받습니다.

독창성 : 남들과는 다른 본인만의 방법을 제시하였는가를 평가합니다.

정교성 : 처음에 생각해낸 아이디어를 다듬어 발전시켜 표현할 수 있는지 확인하는 문항입니다. 제시된 답안과 가깝고, 원리를 정확하게 이해하고 답했는지 평가합니다.

문 01

P. 08

문항 분석 및 평가표

⟶ **문항 분석 :** 알고리즘은 주어진 문제를 논리적으로 해결하는 데 필요한 절차, 방법, 명령어들을 모아놓은 것입니다. 컴퓨터는 처리해야 할 내용과 처리 순서를 모두 구체적으로 알려 주어야 제대로 된 명령을 수행할 수 있습니다. 그래서 컴퓨터 프로그램에는 알고리즘이 필요합니다.

춘분과 추분은 밤과 낮의 길이가 같은 날이고, 하지는 낮의 길이가. 동지는 밤의 길이가 가장 긴 날입니다. 그래서 하지 → 추분 → 동지로 갈수록 밤의 길이가 점점 길어지고, 동지 → 춘분 → 하지로 갈수록 밤의 길이가 점점 짧아집니다. (정교성) (영재성 검사 문항)

⟶ **평가표 :**

답이 맞는 경우	6 점

정답 및 해설

⟶ **정답 :** 생일의 일(日)수 빼기 5 하기

⟶ **해설 :** 마름모 모양에 들어가는 말은 질문이고, 네모 칸에 들어가는 말은 명령문이다. 물음표가 있는 도형은 네모이므로, 명령문을 써야 한다.

'생일의 일수가 20 이하인가?'의 질문을 거치는 사람은 B 와 D 이다. B 와 D 는 질문을 거치며 B 는 생일 일 수가 10 일, D 는 5 일이 달라졌다. 네모 칸에 들어갈 명령어가 '생일에 일 수 빼기 5'이면 B 는 '생일의 일 수가 20 이하인가?'의 질문을 두 번 거치며 생일 일 수가 10 만큼 달라지고, D 는 질문을 한 번만 거쳐 생일 일 수가 5 만큼 달라진다.

문 02

P. 09

문항 분석 및 평가표

⟶ **문항 분석 :** 기차의 증기는 기차가 달리는 반대방향으로 퍼져 나가는 것처럼 보입니다. 바람의 방향과 기차가 달리는 방향이 반대라면 기차의 증기는 더 많이 눕혀진 모양으로 퍼져나갑니다. 바람의 방향과 기차가 달리는 방향이 같다면 기차의 증기는 덜 눕혀진 모양으로 퍼져나갑니다.

서풍이란 서쪽에서 동쪽으로 부는 바람을 말하고, 동풍이란 동쪽에서 서쪽으로 부는 바람을 말합니다. (정교성) (창의적 문제 해결 문항)

⟶ **평가표 :**

답이 맞는 경우	5 점

정답 및 해설

→ 정답 :

→ 해설 : 기차는 동쪽 방향으로 달리고 있기 때문에 바람이 불지 않는다면, 기차의 증기는 서쪽 방향을 향해 누운 형태로 퍼진다. 문제에서는 바람이 동쪽 방향으로 불고 기차가 바람과 같은 속력으로 달리고 있으므로, 증기는 기차가 멈춰있고 바람이 불지 않을 때처럼 위쪽으로 올라간다.

문 03 P.10

문항 분석 및 평가표

→ 문항 분석 : 알코올은 물보다 표면장력(액체가 표면을 작게 하기 위해 서로 끌어당기는 힘)이 약하고, 비열(물질 1 g을 1 ℃ 올리는 데 필요한 열의 양)이 작습니다. 또한, 알코올은 물보다 발화점이 낮아 물이 잘 붙습니다. 물과 알코올의 차이를 이용해 두 액체를 분리하는 방법을 생각해 봅시다. (유창성, 융통성, 정교성) (창의적 문제 해결력)

→ 평가표 :

합리적인 구별법을 2 가지 쓴 경우	3 점
합리적인 구별법을 3 가지 쓴 경우	4 점
합리적인 구별법을 4 가지 이상 쓴 경우	5 점

출제자 예시 답안

→ ① 증발 접시에 두 액체를 각각 조금씩 따라서 불을 붙여본다. 불이 붙는 것이 알코올이다.
② 유리판에 스포이트로 한 방울씩 떨어뜨렸을 때 더 넓게 퍼지는 것이 알코올이다.
③ 같은 부피의 두 액체의 무게를 재어 본다. 무거울수록 물이다.
④ 유리판에 한 방울씩 떨어뜨린 후 시간이 지나 먼저 없어지는 것이 알코올이다.

→ 해설 : 우리의 몸 대부분은 물로 이루어져 있다. 물은 끓는점이 100 ℃ 이고, 비열이 높은 액체이다. 그래서 뜨거운 사막에 가도 몸 온도가 급격하게 뜨거워지지 않으며, 몸 안에 물이 끓는 일도 없다. 물이 극성분자이기 때문에 비교적 끓는점과 비열이 높다. 극성분자란 작은 단위의 물질(분자)이 한쪽은 (+) 극의 전기를 띠고, 반대쪽은 (–) 전기를 띠는 것을 말한다. 그래서 극성분자인 물 분자는 서로 다른 전기적 성질을 띠는 물 분자와 붙어있으려고 하는 성질이 크므로 끓는점이 높다. 또한, 물 분자끼리 전기적으로 잡아당기므로 표면장력이 강해 넓게 퍼지지 않는다.

문 04 P.11

문항 분석 및 평가표

→ 문항 분석 : 독창적일수록 실제 시험에서 더 높은 점수를 받을 수 있습니다. 물질의 특성을 생각하여 자유롭게 답해 보세요. 하지만 많은 사람이 동의할 수 있는 합리적인 이유여야 한다는 것에 주의하세요. (유창성, 융통성) (창의적 문제 해결 문항)

→ 평가표 :

비싸게 팔아야 하는 것과 아닌 것을 합리적인 이유를 들어 주장한 경우	4 점

출제자예시답안

⟶ ① 가장 싼 접시 : 나무
가장 비싼 접시 : 철
이유 : 나무는 재료를 준비하는 데에 시간과 돈이 많이 들지 않지만, 철은 녹는점이 아주 높은 물질이기 때문에 녹이는 데에 시간과 비용이 많이 든다.

② 가장 싼 접시 : 철
가장 비싼 접시 : 유리
이유 : 철로 그릇을 만들 때는 철을 녹여서 그릇 모양의 틀에 부으면 된다. 하지만 유리는 계속 열을 가하면서 모양을 만들어 시간이 더 오래 걸리기 때문에 다른 그릇보다 비싸게 팔아야 한다.

③ 가장 싼 접시 : 나무
가장 비싼 접시 : 철
이유 : 나무로 만든 접시는 모서리가 닳거나 금이 가는 등 금방 변화가 생기지만, 철은 비교적 오래가기 때문에 더 비싸게 팔아야 한다.

④ 가장 싼 접시 : 나무
가장 비싼 접시 : 유리
이유 : 유리는 투명하고 빛이 반사되기 때문에 섬세한 작업으로 보석처럼 화려하고 예쁘게 보일 수 있지만, 나무는 유리처럼 가공을 해도 투명하고 빛나 보이지 않는다. 따라서 나무보다 예쁜 유리를 비싸게 팔아야 한다.

문 05

P. 12

문항 분석 및 평가표

⟶ 문항 분석 : 자석은 같은 극끼리는 밀어내고, 다른 극끼리는 끌어당깁니다. 또한, 자석이 서로 멀어질수록 밀어내거나 끌어당기는 힘이 점점 약해지고, 가까워질수록 밀어내거나 끌어당기는 힘이 점점 강해집니다. (정교성) (창의적 문제 해결 문항)

⟶ 평가표 :

답이 맞는 경우	5 점

정답 및 해설

⟶ 정답 : B

⟶ 해설 : A 의 경우 수레에 붙어있는 자석과 사람이 들고 있는 자석은 서로 잡아당긴다. 사람이 결승점으로 달려가는 동안 수레와 멀어지며 자석끼리 잡아당기는 힘이 약해져서 사람이 빨리 달려도 수레가 사람의 속력을 따라잡기 힘들다.

B 의 경우 수레에 붙어있는 자석과 사람이 들고 있는 자석은 서로 밀어낸다. 사람이 결승점으로 달려가는 동안 수레와 가까워지며 자석끼리 밀어내는 힘이 강해지기 때문에 사람이 빨리 달리는 것보다도 빨리 앞으로 나아갈 수 있다.

C 의 경우는 수레가 움직이지 않는다. 사람이 자석을 들고 수레에 타고 있으면 수레와 사람의 몸은 한 몸이므로 서로 밀어내도 움직이지 않는다.

문 06

P. 13

문항 분석 및 평가표

⟶ 문항 분석 : 피부에 수분이 부족하면 건조함을 느끼게 됩니다. 만약 모공에 있는 피지샘에서 기름의 분비가 적으면 피부에 기름 막이 없어 피부에서 수분이 더 많이 빠져나가 더 건조하게 느낍니다. (유창성, 정교성) (창의적 문제 해결 문항)

—> **평가표 :**

(1) 번 끓는점을 이용해 옳게 설명한 경우	3 점
(2) 번 점성과 끓는 점을 이용해 옳게 설명한 경우	3 점
(1) + (2) 총합계	6 점

출제자 예시 답안

—> (1) 프라이팬에 기름을 두르면 달걀이 프라이팬에 달라붙지 않는다. 물은 기름보다 끓는점이 낮기 때문에 금방 증발하여 사라진다. 그래서 끓는점이 높은 기름을 둘러서 달걀이 프라이팬에 달라붙지 않고 적당한 온도에서 프라이 되도록 해준다.

(2) 기름은 물보다 점성이 있어서 피부의 표면에 쉽게 붙는다. 또한, 기름이 물보다 끓는점이 높기 때문에 비교적 증발이 덜 되고, 피부에 오래 남아 피부의 수분을 날아가지 않도록 해준다. 그래서 건조할 때 물보다는 기름 성분이 많이 들어가 있는 로션을 쓴다.

문 07

P. 14

문항 분석 및 평가표

—> **문항 분석 :** 자연계는 오염 물질을 스스로 정화하여 깨끗해지는 자정 능력이 있습니다. 물은 희석에 의한 물리적인 작용, 화학적인 작용, 미생물에 의한 생물학적인 작용 세 가지 방법으로 스스로 정화됩니다. (STEAM 융합 문항)

—> **평가표 :**

(1) 번 답이 맞는 경우	3 점
(2) 번 주어진 예시 답안 중 한 가지를 답으로 쓴 경우	4 점
(3) 번 효과가 있는 간단한 장치를 고안한 경우	5 점
(1) + (2) + (3) 총합계	12 점

출제자 예시 답안

—> (1) 분뇨가 많아지면 강에 조류를 비롯한 미생물 수가 증가하고 미생물이 붙은 분뇨가 물을 더럽힌다. 또한, 미생물이 강물에 있는 산소 대부분을 소비하게 되어 강에 사는 생물들이 죽고 물은 점점 더 오염된다.

(2) ① 기름이 물에 떠서 바다 표면을 덮어서 공기 중의 산소가 바다에 녹지 못해 바닷속의 생물이 죽는다.

② 기름이 물에 떠서 바다를 덮어 햇빛을 차단해서 바다속의 식물이 광합성을 못하고, 산소가 부족해져 생물들이 죽는다.

③ 바다 식물은 표면에 기름이 묻어서 생명활동을 못 해서 죽게 된다. 바다에 사는 동물들은 기름을 먹어 죽거나, 아가미에 진득한 기름이 들어가 숨을 쉬지 못해 죽는다.

(3) ① 샴푸와 린스의 펌프 바닥에 스펀지를 깔아서 펌프를 누를 때 마다 양이 조금씩 나오도록 한다.

② 샴푸와 린스의 거품은 시간이 지나면 얇은 막의 형태로 물 위에 뜬다. 샴푸와 린스가 섞인 물을 조금 놔둔 후에 물 위에 뜬 부분을 조금 건져내어 물을 1 차 정화한 후 배수한다.

③ 샴푸는 기름과 친한 부분이 있어서 기름을 붙잡고, 린스는 주로 기름으로 이루어져 있어 기름종이에 흡수될 수 있다. 샴푸와 린스가 섞인 물에 기름종이를 띄워 기름종이에 붙을 때까지 잠시 두었다가 샴푸와 린스를 거른 후에 배수한다.

—> **해설 :**(1) 조류가 폭발적으로 증식해서 해수가 붉은 빛을 띠는 현상을 적조 현상이라고 한다. 종류에 따라 황갈색이나 황록색, 암자색을 띠기도 한다. 적조가 발생하면 물에 산소량이 적어지며 생물들이 죽게 된다.

문 08

P. 16

문항 분석 및 평가표

—> **문항 분석 :** 해설 참조. (STEAM 융합 문항)

→ 평가표 :

(1) 번 답이 맞는 경우	6 점
(2) 번 답이 맞는 경우	4 점
(1) + (2) 총합계	10 점

정답 및 해설

→ 정답 : (1) A = 5 g, B = 4 g, C = 3 g, D= 2 g
(2) 왼쪽의 추와 지브가 더 무겁다.

→ 해설 :(1) A, B, C, D 가 각각의 질량(g)이라고 한다면, 다음과 같이 나타낼 수 있다.
① A + D = B + C , ② A = C + D, ③ 3 B = 4 C 이다.
ⅰ) B = 4, C = 3 인 경우
① A + D = 7 이고, ② A = 3 +D 이다. 두 식을 만족하는 자연수 A, D 는 5 와 2 이다.
ⅱ) B = 8, C = 6 인 경우
① A + D = 14 이고, ② A = 6 + D 이다. 두 식을 만족하는 자연수 A, D 는 10 과 4 인데, 한 자리 자연수가 아니므로 답이 아니다.
따라서 A = 5 g, B = 4 g, C = 3 g, D = 2 g 이다.

(2) 왼쪽의 추와 지브의 끝은 무게 중심으로부터 가깝고, 오른쪽의 지브의 끝은 무게 중심으로부터 멀다. 수평을 잡기 위해서는 왼쪽 추와 지브 쪽이 무거워야 한다.

점수에 따른 성취도 등급

등급	1등급	2등급	3등급	4등급	5등급	총점
평가	40 점 이상	30 점 이상 ~ 39 점 이하	20 점 이상 ~ 29 점 이하	10 점 이상 ~ 19 점 이하	9 점 이하	53 점

2 모의고사 2 회

▶ 총 8 문제입니다. 문제 배점은 각 문항별 평가표를 참고하면 됩니다.

▶ 1 번 : 영재성 검사 문항 / 2 ~ 6 번 : 창의적 문제 해결 문항 / 7 ~ 8 번 : STEAM 융합 문항

▶ 각 문항은 유창성, 융통성, 독창성, 정교성 네 가지의 창의력 요소를 기준으로 평가하였습니다.

유창성 : 특정 문제에 대해 제한된 시간 내에 다양한 해결책을 생각해 내었는지를 평가합니다. 질문의 의도에 타당한 답변의 개수가 많을 수록 높은 점수를 받습니다.

융통성 : 한 문제에 대해 여러 분야를 넘나들며 많은 해결책을 제시하였는가를 평가합니다. 답안이 서로 분야 혹은 범주가 겹치지 않는 답변이 많을 수록 높은 점수를 받습니다.

독창성 : 남들과는 다른 본인만의 방법을 제시하였는가를 평가합니다.

정교성 : 처음에 생각해낸 아이디어를 다듬어 발전시켜 표현할 수 있는지 확인하는 문항입니다. 제시된 답안과 가깝고, 원리를 정확하게 이해하고 답했는지 평가합니다.

문 01 P.20

문항 분석 및 평가표

—> **문항 분석 : 주어진 조건을 읽으면서 표를 그려 직업을 추리해 봐도 좋습니다. (정교성) (영재성 검사 문항)**

—> **평가표 :**

답이 맞는 경우	5 점

정답 및 해설

—> **정답 : 준혁 – 작가, 수진 – 조련사, 현수 – 수의사, 재현 – 성악가**

—> **해설 :** ㄱ. 수진이는 수의사가 아니다.

ㄴ. 준혁이는 동물을 싫어하므로 수의사나 조련사가 아니다.

ㄷ. 재현이는 조련사도 아니고 작가도 아니다.

ㄹ. 재현이는 수의사도 아니므로, 성악가이다.

수진이, 준혁이, 재현이는 수의사가 아니므로 현수가 수의사이다. 그리고 준혁이는 수의사가 아니므로 수진이가 조련사이다. 따라서 준혁이는 작가이다.

문 02 P.21

문항 분석 및 평가표

—> **문항 분석 : 알코올의 양이 물보다 훨씬 많은 액체의 경우 액체의 표면에 불이 붙습니다. 액체 전체가 아닌 표면에 불이 붙는 이유는 불이 붙는 데에는 산소가 필요하기 때문에 산소와 접촉한 부분만 불이 붙기 때문입니다. (융통성) (창의적 문제 해결 문항)**

—> **평가표 :**

물 표면에서 불이 붙을 수 있는 마술의 준비물과 그 원리를 타당하게 쓴 경우	5 점

출제자 예시 답안

—> ① 물과 불, 기름이 필요하다.

기름은 물보다 밀도가 낮아서 물에 뜨고, 불이 붙기 시작하는 온도가 낮아 불이 잘 붙기 때문에 물 표면에서 불이 타오르는 마술을 할 수 있다.

② 물과 불, 알코올이 필요하다.

알코올은 불이 잘 붙는다. 물보다 알코올이 아주 많이 섞여 있으면 불이 잘 붙는다. 또한, 불이 붙는 데에 산소가 필요하기 때문에 산소와 접촉하고 있는 물 표면의 알코올에만 불이 붙는다. 그래서 물의 표면에서 불이 타오르는 마술을 할 수 있다.

문 03 P.22

문항 분석 및 평가표

—> 문항 분석 : 고무로 만들어진 풍선은 탄성이 있고, 탄성으로 인해 풍선에 바람을 불면 풍선 안의 공기는 탄성을 받아 압축됩니다. (융통성, 정교성) (창의적 문제 해결 문항)

—> 평가표 :

(1) 번 답이 맞는 경우	2 점
(2) 번 알맞은 방법을 쓴 경우	2 점
(3) 번 답이 맞는 경우	2 점
(1) + (2) + (3) 총합계	6점

정답 및 해설

—> 정답 : (1) 풍선 안에 압축되어 있던 공기가 구멍이 생기는 순간 한꺼번에 풍선 밖으로 나오려 하기 때문이다.

(2) ① 풍선이 팽팽하지 않은 부분에 구멍을 뚫는다.

② 풍선에 테이프를 붙이고, 테이프가 붙어있는 곳에 구멍을 뚫는다.

(3) 풍선 때문에 압축되어 있던 공기가 갑자기 풍선 밖으로 나오면서 공기를 진동시켜 소리를 내기 때문이다.

—> 해설 : (3) 평소에 소리를 들을 수 있는 이유는 공기가 소리의 진동을 전달해주기 때문이다. 풍선이 터지면 풍선 안의 압축되어있던 공기가 갑자기 나오면서 주변의 공기를 강하게 진동시키고, 그 진동이 공기로 전해져 터지는 소리가 들리게 된다.

문 04 P.23

문항 분석 및 평가표

—> 문항 분석 : 강과 바다가 만나는 곳은 강의 하류입니다. 강의 하류는 물이 천천히 흐르고, 상류부터 굴러와서 매끈해진 돌을 많이 볼 수 있습니다. (정교성) (창의적 문제 해결 문항)

—> 평가표 :

답이 맞는 경우	4 점

정답 및 해설

—> 정답 : 선영이

—> 해설 : 처음부터 돌이 작게 깨진 것일 수 있기 때문에 작은 것이 오랫동안 땅 위를 굴러다니며 작아졌다고 말할 수 없다. 까만 돌을 보고 오랫동안 땅 위를 굴러다녀서 변색이 됐다는 주장도 틀렸다. 돌의 색은 구성 성분에 의해 달라지는데, 특히 돌이 마그네슘이나 철을 많이 포함하고 있다면 땅 위를 굴러다닌 시간과는 별개로 까만색일 수 있다. 또한, 돌의 단단함은 결정의 모양 등에 의해 결정된다.

문 05 P.24

문항 분석 및 평가표

—> 문항 분석 : 물고기는 물에 녹아있는 산소를 이용해 숨을 쉽니다. 아가미에 물이 들어가면 아가미에서 산소를 흡수하여 숨을 쉽니다.

물을 끓이면 기체인 산소는 물 밖으로 나옵니다. 물고기는 물에 산소가 녹아 있지 않으면 산소를 얻기 위해 물 위로 얼굴을 내밀어 뻐끔거립니다. (정교성) (창의적 문제 해결 문항)

—> 평가표 :

알맞은 실험을 구상하여 표를 모두 채운 경우	6 점

출제자 예시 답안

필요한 준비물	수조, 물고기, 끓인 물, 끓이지 않은 물, 산소를 차단할 수 있는 수조 뚜껑, 온도계
같게 해야 할 조건	물의 온도, 물의 양, 수조의 투명도, 물고기의 수, 수조의 넓이, 수조 산소 차단 여부
다르게 해야 할 조건	수조에 넣은 물의 끓임 여부
예상되는 결과	끓인 물을 넣은 수조에 있는 물고기는 죽는다.

해설 : 두 개의 수조에 각각 담을 물을 준비한다. 수조 하나에는 끓여서 밀폐된 용기에 넣고 식힌 물을 넣는다. 두 개의 수조 모두 물고기를 넣고, 산소를 차단한다. 끓여서 식힌 물은 산소가 모두 밖으로 빠져나와 버렸기 때문에 물고기가 숨을 쉬지 못하고 죽게 된다.

문 06 P.25

문항 분석 및 평가표

문항 분석 : 공기 중에 질소는 산소보다 약 3 배 이상 많이 포함되어 있습니다. 평소에 숨을 쉬면 산소는 혈액 속에 흡수되어 생명활동에 도움을 주는 한편, 질소는 인체에 아무런 영향을 미치지 못하고 다시 몸 밖으로 나갑니다. (유창성, 정교성) (창의적 문제 해결 문항)

평가표 :

(1) 번 답이 맞는 경우	3 점
(2) 번 답이 맞는 경우	3 점
(1) + (2) 총합계	6 점

정답 및 해설

정답 : (1) 평소에 들숨과 날숨에 포함된 질소의 양은 거의 같다.

(2) 깊은 바닷속에서 혈액 속에 녹은 질소는 혈액과 반응을 하지 않기 때문에 그대로 혈액에 남아있다. 이 상태로 물속에서 물 위로 급하게 올라오면 물이 누르는 힘이 급격히 작아지기 때문에 혈액과 반응하지 않아 혈액 속에 그대로 녹아있던 질소가 기체가 되어 혈관을 막아 잠수병이 생긴다.

해설 : (1) 질소는 다른 물질과 반응을 잘 하지 않으므로, 산소와는 달리 폐에서 혈액과 반응하지 않는다. 그래서 평소에 들숨으로 들어온 질소는 그대로 날숨으로 나간다. 바닷속과 같이 평소와 몸을 누르는 압력이 다른 환경에서는 혈액에 질소가 녹아 날숨에 포함된 질소의 양이 조금 적을 수 있다.

(2) 기체는 주변에서 누르는 힘이 세질수록 액체에 잘 녹는다. 질소는 혈액과 반응하지 않지만, 바닷속에서는 주변에서 누르는 힘이 강하기 때문에 혈액에 녹아 들어간다. 하지만 혈액과 반응을 하지 않아 물 위로 나오면 질소가 기체가 되어 병이 나게 한다.

문 07 P.26

문항 분석 및 평가표

문항 분석 : 선풍기는 전기를 연결해 모터를 돌려 날개를 회전시키고, 회전하는 날개가 공기를 앞으로 밀어 시원하게 해주는 가전제품입니다. (STEAM 융합 문항)

→ **평가표 :**

(1) 번 답이 맞는 경우	3 점
(2) 번 합리적인 답을 쓴 경우	3 점
(3) 번 답이 맞는 경우	3 점
(4) 번 답이 맞는 경우	3 점
(1) + (2) + (3) + (4) 총합계	12 점

정답 및 해설

→ 정답 : (1) 방에 선풍기를 틀고 모든 문을 닫고 있으면 공기가 순환할 뿐이고, 선풍기의 모터에서 열이 나기 때문에 오히려 선풍기를 틀기 전보다 온도가 높아진다.

(2) ① 선풍기 앞이나 뒤에 얼음을 둔다.

② 선풍기 앞에 가습기를 둔다.

③ 몸에 젖은 수건을 감고 선풍기 바람을 쐰다.

④ 방 안의 공기가 바깥보다 더 더울 경우 창문을 열고, 창문을 향해 선풍기를 튼다.

(3) 전지를 반대로 넣었기 때문이다.

(4) 종이를 선풍기 앞에 대면 종이가 날아가지만, 종이를 선풍기 뒤에 대면 종이가 선풍기 뒤에 달라붙는다.

→ 해설 : (1) 선풍기는 바람을 불어서 우리 몸의 더운 열기를 계속 날려보내서 시원하게 만든다. 바람이 부는 날 빨래가 잘 마르는 것도 같은 원리이다. 바람이 불면 빨래 주변의 습기를 날려 보내고, 습기가 많지 않은 공기가 빨래 주변으로 계속 공급되기 때문에 빨래가 금방 마를 수 있다.

(2) ① 얼음은 녹기 위해서 계속 주변의 열을 흡수한다. 그래서 선풍기의 앞이나 뒤에 얼음을 두면, 차가워진 공기가 바람을 쐬는 사람한테 오기 때문에 더 시원해진다.

②, ③ 몸에 물이 있는 상태에서 바람을 쐬면, 물의 증발이 활발해지면서 물의 몸의 열을 빼앗아 가기 때문에 그냥 바람을 쐴 때보다 더 시원하다.

④ 선풍기를 창밖을 향해서 틀면 방 안의 더운 공기가 밖으로 나가기 때문에 방 안이 더 시원해진다.

(3) 건전지는 전류가 한 쪽 방향으로 흐르는 직류 전기를 제공한다. 건전지를 반대로 연결하면 전류는 계속 흐르지만, 방향이 반대이기 때문에 모터의 방향도 반대로 돌아가게 된다. 선풍기 날개의 모양은 정해진 모터의 방향으로 돌아야만 앞으로 바람을 보내주도록 되어 있다. 그래서 건전지를 반대로 끼면 전류는 흐르지만 바람이 앞이 아닌 뒤쪽으로 보내기 때문에 선풍기 뒤에 있는 효과가 나서 시원하지 않다.

(4) 선풍기의 날개는 앞쪽으로 바람을 보내도록 되어 있다. 그래서 앞쪽에 종이를 붙이면 날아가지만, 선풍기 뒤쪽은 앞으로 바람을 보내기 위해 공기가 빨려 들어가므로 종이를 달라붙게 할 수 있다.

문 08
P. 28

문항 분석 및 평가표

→ 문항 분석 : 금붕어나 개구리를 액체 질소 안에 넣어서 영하 196 ℃ 로 급속 냉각시킨 다음 미지근한 물에 넣어 해동시키면 되살아납니다. 하지만 인간은 훨씬 복잡한 신체 구조를 지니고 있기 때문에 냉동된 후에 다시 해동해도 생존이 가능할지는 모릅니다. 현재 일부 장기를 냉동 보관한 후 정상 온도로 되돌려 기능을 회복시키는 연구가 진행 중입니다. (STEAM 융합 문항)

→ **평가표 :**

(1) 번 답이 맞는 경우	3 점
(2) 번 합리적인 답을 쓴 경우	3 점
(3) 번 합리적인 방법을 쓴 경우	2 점
(4) 번 물의 팽창과 관련지어 이유를 설명한 경우	4 점
총합계	12 점

출제자 예시 답안

→ (1) 물과 영양분 등이 빠져나가 과일의 맛이 별로 느껴지지 않고, 식감이 물렁물렁할 것이다.

(2) 장점 : 말린 과일은 영양분을 제외하고 물만 빠져나가기 때문에 과일의 영양분을 그대로 섭취할 수 있다.

단점 : 말린 과일은 물이 빠져나가 크기가 줄어든 상태이기 때문에 냉동된 과일과 같은 양을 먹었을 경우 훨씬 더 많은 당을 섭취하게 되어 몸에 안 좋을 수 있다.

(3) 냉동 과일을 해동하지 않은 상태로 쥬스로 만들어 마신다.

(4) 인체 대부분은 물로 이루어져 있다. 물은 얼면 부피가 팽창하는데, 세포 속의 물이 팽창하면 손상이 된다. 그래서 인체의 모든 체액을 빼내서 손상을 최소화하는 것이다.

→ 해설 : (2) 말린 과일은 세포가 팽창하지 않아 영양분은 빠져나가지 않고 물만 빠져나가기 때문에 과일의 영양분을 그대로 섭취할 수 있다. 하지만 과일의 부피가 줄어들었기 때문에 같은 양을 먹었을 때, 냉동 과일보다 훨씬 더 많은 영양분과 당을 먹는 것이기 때문에 오랜 기간 먹으면 당뇨가 생기거나 비만해질 수 있다.

점수에 따른 성취도 등급

등급	1등급	2등급	3등급	4등급	5등급	총점
평가	40 점 이상	30 점 이상 ~ 39 점 이하	20 점 이상 ~ 29 점 이하	10 점 이상 ~ 19 점 이하	9 점 이하	55 점

3 모의고사 3 회

▶ 총 8 문제입니다. 문제 배점은 각 문항별 평가표를 참고하면 됩니다.

▶ 1 번 : 영재성 검사 문항 / 2 ~ 6 번 : 창의적 문제 해결 문항 / 7 ~ 8 번 : STEAM 융합 문항

▶ 각 문항은 유창성, 융통성, 독창성, 정교성 네 가지의 창의력 요소를 기준으로 평가하였습니다.

유창성 : 특정 문제에 대해 제한된 시간 내에 다양한 해결책을 생각해 내었는지를 평가합니다. 질문의 의도에 타당한 답변의 개수가 많을 수록 높은 점수를 받습니다.

융통성 : 한 문제에 대해 여러 분야를 넘나들며 많은 해결책을 제시하였는가를 평가합니다. 답안이 서로 분야 혹은 범주가 겹치지 않는 답변이 많을 수록 높은 점수를 받습니다.

독창성 : 남들과는 다른 본인만의 방법을 제시하였는가를 평가합니다.

정교성 : 처음에 생각해낸 아이디어를 다듬어 발전시켜 표현할 수 있는지 확인하는 문항입니다. 제시된 답안과 가깝고, 원리를 정확하게 이해하고 답했는지 평가합니다.

문 01
P. 32

문항 분석 및 평가표

—> **문항 분석 : '탈무드' 의 유명한 이야기 중 하나입니다. 자신이 솔로몬이라면 어떻게 했을지 생각하여 이야기를 이어서 써봅시다. 이야기의 형식에 맞게 쓰면 더욱 좋습니다. (독창성, 정교성) (영재성 검사 문항)**

—> **평가표 :**

알맞은 해결책을 이야기 형식에 맞게 쓴 경우	4 점

출제자 예시 답안

—> ① "두 여인 모두 이 아이가 자신의 아이라고 하니, 아이를 둘로 잘라 나누어 주도록 하라." 고 옆에 있던 신하에게 명령을 내렸습니다. 그러자 한 여인이 "차라리 아이를 저 여자에게 주십시오."하고 울부짖으며 말했습니다.

② "아이를 20 년 간 성에 가두고, 20 년 후에 아이와 가장 닮은 여인에게 아이를 보내라."라고 말했습니다. 그러자 한 여인이 "저 아이는 제 아이가 아닙니다. 저 여인의 아이입니다. 저 여인과 함께 살도록 해주십시오."하고 눈물을 흘리며 말했습니다.

③ 두 여인에게 칼을 쥐여주며 말했습니다. "짐은 둘 중 이 아이의 엄마가 누구인지 모르겠다. 이 아이와 자네들은 모두에게 혼란을 주고, 도시를 시끄럽게 하였으니 사형을 내려도 마땅하다. 하지만 둘 중 아이를 찔러 죽이는 사람은 살려주겠노라." 그러자 한 여인이 울면서 말했습니다. "폐하, 죄송합니다. 아이가 귀여워 그만 제가 엄마라고 거짓말을 하였습니다. 저 여인에게 아이를 돌려주시고, 아이를 죽이지 말아주세요."

문 02
P. 33

문항 분석 및 평가표

—> 문항 분석 : 지구는 태양을 중심으로 1 년에 한 번 공전하고, 하루에 한 번 자전축을 중심으로 자전합니다. 지구가 태양을 공전하는 주기를 1 년이라고 정의하고, 보통 1 년을 365 일이라고 합니다. 하지만 정확히는 약 365.3 일로, 약간의 차이가 생깁니다. 그래서 현대에는 이 오차를 바로잡기 위해 4 년마다 한 번씩 2 월 29 일이 있고, 이를 윤년이라고 합니다. (유창성, 정교성) (창의적 문제 해결 문항)

—> 평가표 :

(1) 번 답이 맞는 경우	2 점
(2) 번 현상을 1 가지 이상 쓴 경우	1 점
(2) 번 현상을 3 가지 이상 쓴 경우	3 점
총합계	5 점

정답 및 해설

⟶ 정답 : (1) 약 1,667 km/h

(2) 예시 답안) ① 변기의 물이 시계 반대방향으로 돌며 내려간다.
② 해가 뜨고 진다.
③ 달이 뜨고 진다.
④ 별이 일주운동을 한다.
⑤ 구름이 서쪽에서 동쪽으로 흘러간다.
⑥ 해류가 생긴다.
⑦ 태풍이 진행하다가 꺾인다.
⑧ 지구의 자전축이 움직인다.

⟶ 해설: (1) 하루는 24 시간 이다. 따라서 (40,000 km) ÷ (24 시간) 하면, 지구 표면의 속력은 약 1,667 km/h 이다.

(2) ②, ③, ④ 지구가 서에서 동쪽으로 자전하기 때문에 해와 달, 그리고 별은 동쪽에서 떠서 서쪽으로 지는 것처럼 보입니다.

⑤, ⑥, ⑦ 지구가 자전하며 공기의 흐름이 생겨 구름이 서쪽에서 동쪽으로 흘러가고, 표층 해류가 생기며, 태풍이 진행하다가 진행방향을 바꿔 꺾입니다.

⑧ 지구의 자전축은 약 23.5° 기울어져 있습니다. 지구가 공전하면서 태양의 중력과 지구가 자전하는 힘이 지구의 자전축을 움직입니다.

문 03
P. 34

문항 분석 및 평가표

⟶ 문항 분석 : 발효란 세균 등의 미생물이 자신이 가지고 있는 효소를 이용해 음식을 분해하는 것을 말합니다. 김치, 요거트, 메주 등이 발효를 이용해 만든 식품입니다.
집에서도 우유를 끓이고, 유산균을 넣어 요거트를 만들 수 있습니다. 우유를 끓이면 유산균이 더 활발하게 발효를 하며, 유산균 이외의 잡균을 없애는 효과도 있습니다. (정교성) (창의적 문제 해결 문항)

⟶ 평가표 :

예시 답안의 내용을 포함한 답안일 경우	5 점

출제자 예시 답안

⟶ 균이 우유를 발효시켜서 크림처럼 된 것이다. 하지만 요거트와 달리 유산균 이외에 많은 균이 우유를 부패시키고, 세균이 생성한 독성 물질과 섞여서 냄새가 난다.

문 04
P. 35

문항 분석 및 평가표

⟶ 문항 분석 : 여름은 태양과의 거리가 멀지만, 고도가 높고, 겨울은 태양과의 거리가 가깝지만, 고도가 낮습니다. 또한, 여름은 낮의 길이가 길고, 겨울은 낮의 길이가 짧아서 여름에 기온이 더 높습니다. (유창성, 정교성) (창의적 문제 해결 문항)

⟶ 평가표 :

계절이 맞고, 설명이 타당한 한 경우	5 점

정답 및 해설

⟶ 정답 : 여름, 태양의 고도가 높아 단위 면적당 비치는 빛의 세기가 크기 때문이다.

—> 해설: 태양의 고도가 높은 여름이 되면 단위 면적당 빛의 에너지가 커지고, 더 밝아진다.

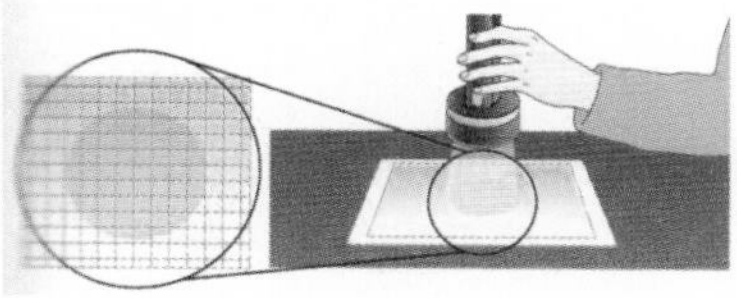

▲ 손전등을 수직으로 비출 때

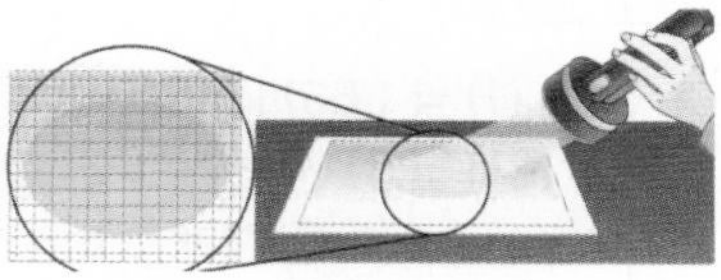

▲ 손전등을 비스듬히 비출 때

손전등을 수직으로 비출 때와 손전등을 비스듬히 비출 때를 비교하면, 손전등을 수직으로 비출 때가 빛이 비치는 면적이 더 좁다. 손전등에서는 같은 에너지가 나가므로, 같은 면적에 대해 들어오는 에너지는 수직으로 비출 때가 더 크다.

문 05 P.36

문항 분석 및 평가표

—> 문항 분석 : 태양은 아주 큰 빛에너지와 열에너지를 지구로 보냅니다. 어떻게 하면 태양에서 오는 에너지를 최대한으로 이용하여 고기와 달걀을 익힐 수 있을지 다양하게 생각해봅시다. (융통성, 정교성) (창의적 문제 해결 문항)

—> 평가표 :

합리적인 방법을 생각해낸 경우	4 점

정답 및 해설

—> 정답 : ① 검은색 차량의 보닛에서 굽는다.
② 낮 12 시 ~ 2 시 사이에 굽는다.
③ 금속으로 된 보닛 위에서 굽는다.
④ 얇은 고기를 굽는다.
⑤ 거울로 태양 빛을 모아서 굽는다.

—> 해설 : ① 검은색은 빛을 모두 흡수하기 때문에 다른 색보다 더 뜨거워진다.
② 낮 12 시 ~ 2 시는 태양의 고도가 높고, 하루 중 온도가 가장 높다.
③ 금속은 다른 물질에 비해서 열이 더 빠르게 전달되기 때문에 금방 뜨거워진다.
④ 고기가 얇으면 익는 데에 시간이 적게 걸린다.
⑤ 거울로 태양 빛을 반사해 고기와 달걀 쪽으로 모으면 더 많은 열을 받는다.

문 06 P.37

문항 분석 및 평가표

—> 문항 분석 : 태양은 지구보다 약 108 배 크고, 지구와 태양은 약 1 억 5000 만 km 떨어져 있습니다. 그래서 태양의 광선은 평행하게 지구에 도달합니다.

태양의 빛은 지구의 대기를 통과하면서 산란됩니다. 태양이 지구의 수평선 밑으로 질 무렵, 태양 빛은 지표면에 수직 위에 떠 있을 때보다 더 많은 공기를 통과하면서 더 많이 산란됩니다. 이때 산란이 덜 일어나는 빨간색 빛이 눈으로 들어와 붉은 노을을 볼 수 있습니다.

태양이 같은 위치에 떠 있을 때, 하늘을 올려다볼 때보다 수평선 근처의 멀리 떨어져 있는 하늘을 보면 더 밝아 보이는 이유도 산란 때문입니다. 자신이 있는 곳부터 멀리 떨어진 곳까지의 공기가 하늘 위까지의 공기보다 더 많습니다. 그래서 산란된 빛의 양이 더 많고, 그 빛들이 눈으로 들어와 더 밝게 보이는 것입니다. (정교성) (창의적 문제 해결 문항)

—> 평가표 :

(1) 번 제시된 답안과 똑같이 그린 경우	3 점
(2) 번 제시된 답안과 똑같이 색칠한 경우	3 점
(1) + (2) 총합계	6 점

정답 및 해설

—> 정답 :

—> 해설 : (1) 태양 빛은 지구에 도달할 때 평행한 빛으로 온다. 따라서 구름 그림자의 크기는 구름의 크기와 같게 그려야 한다.

(2) 가까운 산과 선영이 사이보다는 먼 산과 선영이 사이에 더 많은 공기가 있다. 그래서 먼 산을 볼 때 산란된 빛이 눈에 많이 들어와서 밝게 보이고, 산란이 잘되는 파란빛이 비교적 더 많이 눈에 들어온다.

문 07
P.38

문항 분석 및 평가표

—> 문항 분석 : ABO 혈액형 시스템은 오스트리아 의사 칼 랜드 스타이너에 의해 개발이 되었습니다. 혈액형 시스템 덕분에 자신에게 맞는 혈액형의 피를 안전하게 수혈할 수 있게 되었습니다. 그런데 이후 독일 나치에서 민족의 우월성을 입증하기 위해 혈액형을 사용하였고, 이 아이디어를 이어 일본의 한 학자가 혈액형과 성격 사이의 연관성을 제안하는 논문을 발표했습니다. 그리고 의학적 배경이 없는 일본의 한 작가가 혈액형과 성격의 관련성에 대한 책을 발표해 대중화되었습니다.

현재 혈액형과 성격이 관련이 있는지 없는지 과학적으로 증명된 바는 없습니다. 그래서 전문가들은 타인이나 자신을 혈액형으로 성격 혹은 성향을 판단하는 것은 위험하다고 경고합니다. (STEAM 융합 문항)

—> 평가표 :

(1) 번 주어진 자료를 바탕으로 합리적인 주장을 쓴 경우	3 점
(2) 번 답이 맞는 경우	3 점
(3) 번 주어진 자료를 바탕으로 합리적인 주장을 쓴 경우	3 점
(4) 번 타당한 방법을 쓴 경우	3 점
(1) + (2) + (3) + (4) 총합계	12 점

출제자 예시 답안

—> (1) – 타당하다. 사람의 성격은 뇌와 신경의 작동으로 만들어진다. 혈액형별로 각각 단백질, 당, 지방의 구성성분 비가 다르고, 이는 신경이나 신체활동에 영향을 미칠 수 있기 때문에 혈액형과 성격은 관계가 있다.

– 타당하지 않다. 혈액형은 적혈구의 일부 성분의 차이일 뿐이다. 또한, 사람의 성격을 A, B, AB, O 네 가지로 분류할 수 없기 때문에 혈액형과 성격에는 상관관계가 없다.

(2) 운동선수, 임산부, 비만인, 운동 중인 사람

(3) 모기는 이산화 탄소, 땀 냄새를 따라간다. 혈액형은 이산화 탄소나 땀 냄새와 관련이 없으므로 모기에 더 잘 물리는 혈액형은 없다.

(4) ① 안쪽으로 갈수록 입구의 크기가 작아지는 병 안에 드라이 아이스를 조금 넣는다. 드라이 아이스가 녹으면 생기

는 이산화 탄소 기체는 무거워서 가라앉기 때문에 한동안 병 안에 들어있다. 모기는 이산화 탄소를 감지하고 병 안으로 들어가고, 병의 입구가 좁아 다시 나가지 못한다.

② 옛 조상들처럼 쑥대를 뿌리와 함께 뽑아 말린 후에 모깃불을 지펴 쑥 향으로 모기를 쫓아낸다.

③ 초피나무에는 곤충들에게 치명적인 양의 독이 들어있다. 옛 조상들처럼 초피나무를 집안에 두어 모기를 쫓는다.

④ 모기는 계피나 레몬의 향을 싫어하기 때문에 계피를 우려낸 물이나 레몬즙을 집 안 곳곳에 뿌리거나, 말린 오렌지 껍질을 두어서 모기를 쫓는다.

문 08 P.40

문항 분석 및 평가표

⟶ **문항 분석 :** 놋쇠는 구리에 주석이나 아연 혹은 니켈 등을 혼합하여 만든 합금입니다. 구리, 주석, 아연, 니켈 등은 모두 알루미늄보다 반응성이 작기 때문에 알루미늄보다 산화가 덜 일어납니다.

철이 녹스는 것을 방지하기 위해 금속의 반응성을 이용하기도 합니다. 땅속에 묻혀 있는 수도관이나 주유소 기름 탱크, 그리고 배의 선체에 마그네슘이나 아연을 연결하여 철 대신 산화되어 철에 전자가 공급되어 철이 녹슬지 않도록 해줍니다. (STEAM 융합 문항)

⟶ **평가표 :**

(1) 번 금속의 반응성을 이용해 현상을 설명한 경우	6 점
(2) 번 금속의 반응성을 이용한 방법을 한 가지 이상 쓴 경우	6 점
(1) + (2) 총합계	12 점

정답 및 해설

⟶ **정답 :** (1) 놋쇠보다 반응성이 큰 알루미늄이 전자를 잃고 녹아서 이온화되었기 때문이다.

(2) ① 도자기 그릇을 사용한다.
② 알루미늄 그릇을 사용한다.
③ 토마토와 포일이 닿지 않게 덮는다.
④ 알루미늄 표면에 기름칠한다.

⟶ **해설 :** (2) 알루미늄이 토마토의 산에 의해서 전자를 잃고 녹으면서 전자가 놋쇠 그릇으로 이동한다.
① 도자기 그릇은 금속이 아니어서 알루미늄이 녹아 전자가 이동하지 않는다.
② 알루미늄 그릇과 알루미늄 포일은 서로 반응성이 같으므로 산화 반응이 일어나지 않는다.
④ 기름칠하면 토마토와 포일사이에 막이 생겨 산화 반응이 일어나지 않는다.

점수에 따른 성취도 등급

등급	1등급	2등급	3등급	4등급	5등급	총점
평가	40 점 이상	30 점 이상 ~ 39 점 이하	20 점 이상 ~ 29 점 이하	10 점 이상 ~ 19 점 이하	9 점 이하	53 점

4 모의고사 4 회

▶ 총 8 문제입니다. 문제 배점은 각 문항별 평가표를 참고하면 됩니다.

▶ 1 번 : 영재성 검사 문항 / 2 ~ 6 번 : 창의적 문제 해결 문항 / 7 ~ 8 번 : STEAM 융합 문항

▶ 각 문항은 유창성, 융통성, 독창성, 정교성 네 가지의 창의력 요소를 기준으로 평가하였습니다.

유창성 : 특정 문제에 대해 제한된 시간 내에 다양한 해결책을 생각해 내었는지를 평가합니다. 질문의 의도에 타당한 답변의 개수가 많을수록 높은 점수를 받습니다.

융통성 : 한 문제에 대해 여러 분야를 넘나들며 많은 해결책을 제시하였는가를 평가합니다. 답안이 서로 분야 혹은 범주가 겹치지 않는 답변이 많을수록 높은 점수를 받습니다.

독창성 : 남들과는 다른 본인만의 방법을 제시하였는가를 평가합니다.

정교성 : 처음에 생각해낸 아이디어를 다듬어 발전시켜 표현할 수 있는지 확인하는 문항입니다. 제시된 답안과 가깝고, 원리를 정확하게 이해하고 답했는지 평가합니다.

문 01

P. 44

문항 분석 및 평가표

⟶ 문항 분석 : 해설 참조. (정교성) (영재성 검사 문항)

⟶ 평가표 :

답이 맞는 경우	5 점

정답 및 해설

⟶ 정답 : B, H, O

⟶ 해설 : 하나의 교차로를 선택하고, 가장 많은 오솔길과 연결된 교차로부터 선택하여 답을 찾는다.

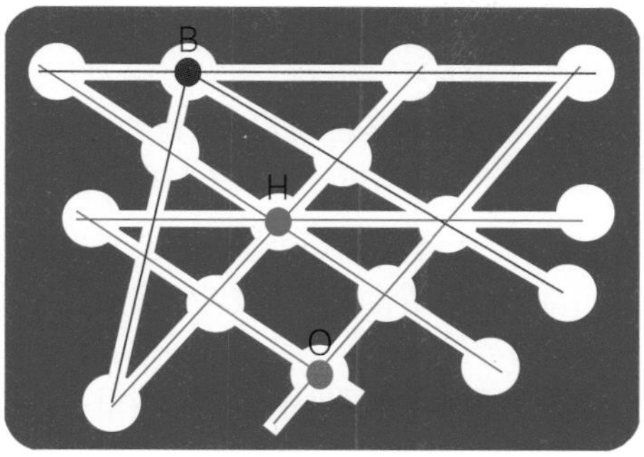

문 02

P. 45

문항 분석 및 평가표

⟶ 문항 분석 : 드라이아이스는 이산화 탄소를 높은 압력과 낮은 온도에서 냉각시킨 고체 이산화 탄소입니다. 드라이아이스는 상온에서 주변의 열을 흡수하여 이산화 탄소 기체가 되는 승화성을 가지고 있으므로 냉각제로 많이 사용합니다. (융통성) (창의적 문제 해결 문항)

→ 평가표 :

답에 대한 이유를 타당하게 설명한 경우	4 점

출제자 예시 답안

→ ① 무한이에게 위험하지 않다. 드라이아이스는 기체로 승화하면서 주변의 열을 흡수한다. 그러면 주변의 온도가 급격하게 낮아지면서 주위의 수증기가 열을 빼앗겨 응결되어 물방울이 된다. 이러한 물방울이 모여 흰 연기로 보이는 것이므로 불이 났을 때 발생하는 일산화탄소처럼 우리 몸에 해롭지 않다.

② 무한이에게 위험하지 않다. 드라이아이스는 기체로 승화하면서 주변의 열을 흡수한다. 그러면 주변의 온도가 급격하게 낮아지면서 주위의 수증기가 열을 빼앗겨 응결되어 물방울이 된다. 흰 연기는 이산화 탄소 기체의 덩어리가 아니라 물방울이 모인 것이므로 무한이 주변이 이산화 탄소로 가득 차지 않는다.

문 03
P. 46

문항 분석 및 평가표

→ 문항 분석 : <쥬라기 공원2> 에 등장하는 티라노사우루스는 몸길이가 9 ~ 13 m 이고, 키는 5 m, 몸무게는 5 ~9 톤 정도라고 합니다. 큰 머리에 강력한 힘을 가진 이빨의 길이는 최대 30 cm 로 초식 동물들을 공포에 떨게 하였습니다. 티라노사우루스는 점점 머리의 크기는 커지고 앞발은 짧아지도록 진화했는데, 그 이유는 신체 균형을 유지하기 위해서라고 알려졌습니다. 그런데 왜 앞발이 완전히 퇴화되지는 않았을까요? 이것은 티라노사우루스의 앞발은 쓰임새가 있었다는 것을 의미할 수 있습니다. 티라노사우루스는 거대한 몸집에 비해 아주 작은 앞발을 어디에 사용했을지 추측해 봅시다. (융통성, 정교성) (창의적 문제 해결 문항)

→ 평가표 :

(1) 번 이유를 타당하게 쓴 경우	3 점
(2) 번 적절한 답을 쓴 경우	2 점
(1) + (2) 총합계	5 점

→ 정답 : (1) 무게 중심을 잡기 위해서이다. 티라노사우루스는 앞쪽에 큰 머리를 가지고 있어 무게중심이 앞쪽에 위치하게 된다. 그러므로 앞발이 짧아야 무게 중심을 뒤로 잡고 움직이는 데 도움을 줄 수 있다.

(2) ① 앞발의 발톱으로 사냥감을 잡는 데 사용했을 것이다.
② 잡은 사냥감을 입으로 가져가거나 잡고 먹는 데 사용했을 것이다.
③ 넘어졌을 때 몸을 일으켜 세우는 데 사용했을 것이다.
④ 암컷을 긁거나 건드려서 자극하는 것으로 사용했을 것이다.

→ 해설 : (1) 티라노사우루스는 앞쪽에 큰 머리를 가지고 있지만, 길고 딱딱한 꼬리로 무게 중심을 잘 잡을 수 있다. 만약 큰 머리를 가지고 앞발까지 길었다면 움직이거나 이동하는 데 방해가 되고, 무게 중심을 잡기 힘들어 앞으로 넘어질 수 있다.

(2) ① 앞발의 화석을 보면 앞발톱의 길이가 앞발가락의 $\frac{1}{4}$ 을 차지하는 것을 보고 앞발을 사냥감을 잡는 데 사용했을 것으로 추측하고 있다.

②, ③ 티라노사우루스 앞발 화석에 근육의 흔적이 있다. 티라노사우루스는 앞발의 근육을 사용하여 잡은 사냥감을 입으로 가져가거나 잡고 먹을 수 있었을 것이라고 추측하고 있다. 또한, 넘어졌을 때 앞발의 근육을 사용하여 몸을 일으켜 세웠을 것이라고도 추측하고 있다.

④ 보아뱀의 수컷이 암컷을 구애하는 동안 몸에 난 작은 발톱으로 암컷을 자극하는 것처럼 티라노사우루스도 암컷을 자극할 때 사용했을 것으로 추측하고 있다.

문 04
P. 47

문항 분석 및 평가표

→ 문항 분석 : 체감 온도는 우리의 피부가 느끼는 온도를 말하는 것으로, 겨울에는 바람의 영향을 많이 받습니다. 겨울에 풍속이 1 m/s 증가할 때마다 체감 온도는 약 1 ~ 1.5 °C 정도 낮아집니다. 여름이나 따뜻한 지역에서 체감 온도는 바람보다는 햇빛이나 습도의 영향을 받아 정해집니다. (융통성, 정교성) (창의적 문제 해결 문항)

→ 평가표 :

(1) 번 답을 맞게 쓴 경우	3 점
(2) 번 답을 맞게 쓴 경우	3 점
(1) + (2) 총합계	6 점

정답 및 해설

→ 정답 : (1) 바람이 불면 몸 주변에서 몸의 열에 의해 데워진 공기가 바람에 의해 날아가면서 우리 몸에 닿는 찬 공기의 양이 많아진다. 그러므로 바람이 세게 불수록 우리 몸에 닿는 찬 공기의 양이 더 많아지고 몸 온도가 내려가므로 겨울에 바람이 부는 정도로 체감 온도를 정한다.

(2) ① 체감 온도는 햇빛의 영향도 받는다. 햇빛의 양이 많을수록 우리 몸에 많은 열이 전달되므로 체감 온도가 높다.

② 여름에는 바람의 영향보다 습도의 영향을 받는다. 습도가 높으면 우리 몸에서 땀의 증발이 잘 일어나지 않아서 우리 몸의 온도를 낮출 수 없다. 그러므로 여름에는 습도가 높을수록 체감 온도가 높다.

문 05
P. 48

문항 분석 및 평가표

→ 문항 분석 : 물에 사는 생물은 자신이 살고 있는 물의 영향을 많이 받습니다. 그러므로 물이 어떤 특징을 가지고 있느냐에 따라 서로 다른 생물이 살게 됩니다. 개울은 골짜기나 들에 흐르는 작은 물줄기를 말하는데 물이 얕고 흐름이 빠른 곳과 물이 비교적 깊고 흐름이 느린 곳이 있습니다. 물속에는 무기 염류가 적어 물속에서 식물이 많이 살지 못합니다. 연못은 물이 고여 있는 곳으로 바닥에는 펄이 형성되어 있습니다. 개울에 비해 물의 흐름이 느리거나 거의 없어서 물속에 영양분이 많으므로 물속에 식물이 많이 살고 있습니다. (융통성, 정교성) (창의적 문제 해결 문항)

→ 평가표 :

(1) 번 환경적 특성을 맞게 쓴 경우	2 점
(2) 번 답을 맞게 쓴 경우	3 점
(1) + (2) 총합계	5 점

정답 및 해설

→ 정답 : (1) ① 주변에 돌, 자갈, 모래가 있다. ② 물의 흐름이 비교적 빠르다.
③ 물 주변이나 표면에 식물이 있다.

(2) ① 주변의 돌과 자갈에 숨어 자신을 보호한다.
② 화려한 색과 무늬가 있는 경계색을 띠어 포식자에게 자신이 위험하다는 것을 경고하여 자신을 보호한다.
③ 육지와 바다에서 모두 살 수 있는 개구리는 위험한 상황에 따라 육지와 물을 오가면서 자신을 보호한다.

→ 해설 : (1) 개울은 골짜기나 들에 흐르는 작은 물줄기로 물의 흐름이 비교적 빠르고 주변에 돌, 자갈, 모래가 있다. 청개구리는 보호색을 띠거나 돌이나 자갈에 숨어 자신을 보호하고 피부로 호흡하기 때문에 비교적 맑은 물이 있는 개울에서 주로 살고 있다.

(2) ② 청개구리처럼 보호색으로 자신을 보호하는 개구리와 달리 화려한 색과 무늬가 있는 경계색으로 자신을 보호하는 개구리가 있다. 이 개구리는 독화살개구리로 열대우림에서 서식하고, 화려한 몸 색으로 포식자에게 독이 있다는 것을 경고하여 자신을 보호한다.

③ 개구리는 폐와 피부로 숨을 쉬기 때문에 육지와 물 모두에서 살 수 있다. 그러므로 위험한 상황에 따라 육지와 물을 오가면서 자신을 보호할 수 있다.

문 06
P. 49

문항 분석 및 평가표

→ 문항 분석 : 자석으로 클립을 한 방향으로 여러 번 문지르면 자석의 성질을 갖게 됩니다. 이처럼 자석이 아닌 물체가 자석의 성질을 갖게 되는 것을 '자화' 라고 합니다. 자화된 물체는 자석처럼 같은 극끼리는 서로 밀어내는 척력과 다른 극끼리는 서로 잡아당기는 인력이 작용합니다. 철판 분리기는 이러한 자석의 성질을 이용하여 겹겹이 쌓아둔 철판을 큰 힘을 가하지 않고 빠르고 쉽게 분리하는 데 사용하고 있습니다. (융통성, 정교성) (창의적 문제 해결 문항)

→ 평가표 :

(1) 번 답이 맞는 경우	2 점
(2) 번 답이 맞는 경우	3 점
(1) + (2) 총합계	5 점

정답 및 해설

→ 정답 : (1) N 극

(2) 각 철판 사이의 거리가 점점 더 멀어지면서 분리된다. 맨 위의 철판은 아래쪽에 있는 철판들로부터 모두 위로 향하는 반발력만을 받지만, 가운데에 있는 철판은 위쪽 철판과 아래쪽 철판으로부터 반발력과 중력을 받으므로 철판은 위로 올라갈수록 사이가 더 멀어진다.

→ 해설 : 철판은 원래 자석의 성질이 없는 물체이지만, 양옆의 자석에 의해 자화된다. 자화된 각각의 철판은 다른 철판과 서로 같은 극을 띠게 되어 반발력이 작용하므로 서로 밀어내어 철판이 분리될 수 있다.

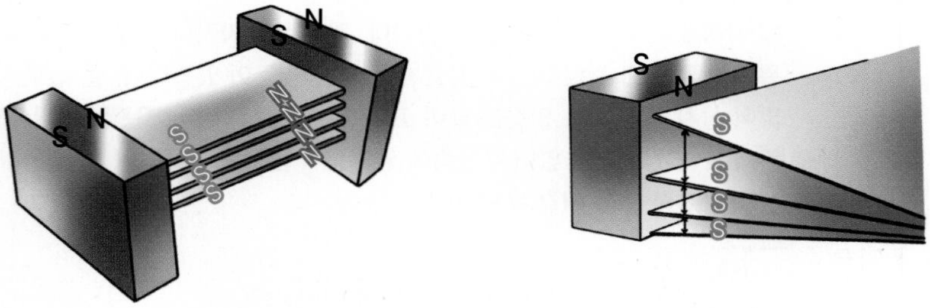

▲ 철판 분리기에서 철판이 분리되는 원리

문 07
P. 50

문항 분석 및 평가표

→ 문항 분석 : 초음속 여객기는 음속의 2 배 이상 빠른 속도로 운행하는 비행기를 말합니다. 1969 년 영국과 프랑스가 공동 개발한 초음속 여객기인 '콩코드' 는 뉴욕 – 파리 구간을 3 시간 만에 갈 수 있었습니다. 콩코드의 가장 큰 문제점은 초음속으로 비행하는 항공기에서 발생하는 강한 파동이 지상에 도달하여 엄청난 소음과 충격을 주는 '소닉붐' 현상이었습니다. 이 현상 때문에 지상에 있는 건물의 유리창이 깨지는 사건까지 발생하여 강한 민원이 들어와 콩코드는 역사 속으로 사라졌습니다. 새로운 초음속 여객기 'XB–1' 은 이러한 소음 문제를 해결하여 2025 년 상용화를 목표로 하고 있는데, '소닉붐' 이라는 소음 문제를 어떻게 해결할 수 있을지 생각해 봅시다. (STEAM 융합 문항)

→ 평가표 :

(1) 번 답을 맞게 쓴 경우	3 점
(2) 번 적절한 방법을 설명한 경우	5 점
(1) + (2) 총합계	8 점

정답 및 해설

→ 정답 : (1) ① 속력이 빨라 크게 작용하는 공기 저항력을 이겨내기 위해 많은 연료를 소모하여 연비가 비효율적이어서 중단됐다.

② 공기의 저항을 줄이기 위해 몸체를 가늘게 만들었다. 그래서 탑승객이 많이 탈 수 없어 이용 요금이 비쌌기 때문에 중단됐다.

③ 비행할 때 소음이 심하게 발생했기 때문에 중단됐다.

(2) ① 공기 저항을 이겨내고 소음을 분산시킬 수 있도록 몸체를 유선형으로 하고, 앞쪽을 더 뾰족하게 만든다.

② 공기 저항을 이겨내기 위해 동체를 가벼우면서도 열과 압력에 강한 탄소 섬유 소재를 이용하여 만든다.

③ 초음속 여객기가 이용하는 주된 항로를 바다 위로 정한다.

④ 바다 위에 비행장을 만들거나 배에서 이륙과 착륙을 한다.

⑤ 로켓 엔진을 장착하여 성층권 상부에서 로켓 탄두처럼 비행할 수 있게 한다.

⑥ 공기 저항을 이겨내기 위해 창문을 없애는 대신에 실시간으로 바깥 풍경을 보거나 영화를 감상할 수 있는 대형 디스플레이를 설치한다.

→ 해설 : (2) ③,④ 초음속 여객기가 바다 위에서 주로 비행하거나 이륙과 착륙을 하면 물속으로 소리가 흡수되어 육지 근처에서 소음이 적게 발생한다.

⑤ 성층권 상부는 공기의 밀도가 낮아 공기의 저항을 작게 받고, 소리가 지상까지 거의 전달되지 않으므로 소음이 적게 발생한다.

문 08
P. 52

문항 분석 및 평가표

→ 문항 분석 : 초식 동물 중 되새김질을 하는 소, 양, 염소와 같은 동물은 보통 4 개의 위로 음식물을 소화하고 앞니가 아래턱에만 있습니다. 윗앞니가 없는 대신에 입안에 단단한 판이 있어서 이빨의 역할을 대신해 줄 수 있습니다. 이는 먹이가 주로 풀이기 때문에 마치 낫으로 베듯이 끊어서 먹기에 편리한 구조로 되어 있는 것입니다. 주로 풀만 먹고 사는 초식 동물에 대해 알아보고, 사람도 초식 동물처럼 풀과 같은 채소만 먹고 살 수 있을지 생각해 봅시다. (STEAM 융합 문항)

→ 평가표 :

(1) 번 이유를 맞게 쓴 경우	2 점
(2) 번 답을 맞게 쓴	4 점
(3) 번 답을 쓰고 타당한 이유를 설명한 경우	4 점
(1) + (2) + (3) 총합계	10 점

정답 및 해설

→ 정답 : (1) ① 초식 동물이 먹는 식물은 소화하는 데 오랜 시간이 걸리므로 소화관의 길이가 육식 동물보다 길다.

② 초식 동물은 영양분이 적은 풀을 먹기 때문에 한 번에 많은 양의 먹이를 먹을 수 있도록 소화관의 길이가 육식 동물보다 길다.

(2) 초식 동물은 위 속에 살고 있는 세균의 도움을 받아 풀 속의 단백질을 섭취한다. 소는 되새김질을 하여 입안에서 음식물을 다시 씹으면 세균이 음식물에 골고루 잘 달라붙을 수 있게 되어 단백질 섭취를 도울 수 있다.

(3) 사람은 소처럼 채소만 먹고 살면 큰 문제 없이 살아갈 수 없다. 사람은 초식 동물처럼 위 속에 단백질의 흡수를 도와주는 세균이 없으므로 채소를 먹어도 채소의 단백질이 사람에게 흡수되기 어렵다. 그러므로 사람은 고기는 먹지 않더라도 채소 외에 단백질을 보충해줄 수 있는 콩이나 두부를 함께 섭취해야 단백질을 보충하면서 건강을 헤치지 않고 살아갈 수 있다.

→ 해설 : (3) 동물성 음식을 먹는 것을 피하고 식물을 재료로 만든 음식을 먹는 사람을 채식주의자라고 한다. 채식주의자들은 건강을 지키거나 환경과 동물 보호를 위해서 식물을 재료로 만든 음식을 먹는다고 한다. 채식주의자에도 종류가 있는데 '비건' 은 유제품과 동물의 알을 포함한 모든 종류의 동물성 음식을 먹지 않는다. '베지테리언' 은 동물성 음식은 먹지 않지만, 유제품이나 동물의 알은 먹는다. '프루테리언' 은 동물성 음식을 먹지 않을 뿐만 아니라 식물이나 과일이 자연스럽게 떨어진 것만 먹는다. 이러한 채식주의자들은 단백질을 섭취하기 힘들기 때문에 단백질을 보충해 줄 수 있는 콩이나 두부를 함께 섭취해야 건강을 헤치지 않고 살아갈 수 있다.

점수에 따른 성취도 등급

등급	1등급	2등급	3등급	4등급	5등급	총점
평가	39 점 이상	30 점 이상 ~ 38 점 이하	21 점 이상 ~ 29 점 이하	12 점 이상 ~ 20 점 이하	11 점 이하	48 점

5 모의고사 5 회

▶ 총 8 문제입니다. 문제 배점은 각 문항별 평가표를 참고하면 됩니다.

▶ 1 번 : 영재성 검사 문항 / 2 ~ 6 번 : 창의적 문제 해결 문항 / 7 ~ 8 번 : STEAM 융합 문항

▶ 각 문항은 유창성, 융통성, 독창성, 정교성 네 가지의 창의력 요소를 기준으로 평가하였습니다.

유창성 : 특정 문제에 대해 제한된 시간 내에 다양한 해결책을 생각해 내었는지를 평가합니다. 질문의 의도에 타당한 답변의 개수가 많을수록 높은 점수를 받습니다.

융통성 : 한 문제에 대해 여러 분야를 넘나들며 많은 해결책을 제시하였는가를 평가합니다. 답안이 서로 분야 혹은 범주가 겹치지 않는 답변이 많을수록 높은 점수를 받습니다.

독창성 : 남들과는 다른 본인만의 방법을 제시하였는가를 평가합니다.

정교성 : 처음에 생각해낸 아이디어를 다듬어 발전시켜 표현할 수 있는지 확인하는 문항입니다. 제시된 답안과 가깝고, 원리를 정확하게 이해하고 답했는지 평가합니다.

문 01 P. 56

문항 분석 및 평가표

⟶ 문항 분석 : 해설 참조. (정교성) (영재성 검사 문항)

⟶ 평가표 :

답이 맞는 경우	5 점

정답 및 해설

⟶ 정답 : 16 개

⟶ 해설 : 직사각형 모양의 종이를 세로로 자르면 아래의 (가) 와 같이 12 장을 자를 수 있다. 하지만 이 방법은 종이의 가로 30 cm 와 세로 4 cm 인 부분이 남는다. 또한, 종이를 가로로 자르면 아래의 (나) 와 같이 15 장을 자를 수 있지만, 이 방법도 종이의 가로 30 cm 와 세로 1 cm인 부분이 남는다.

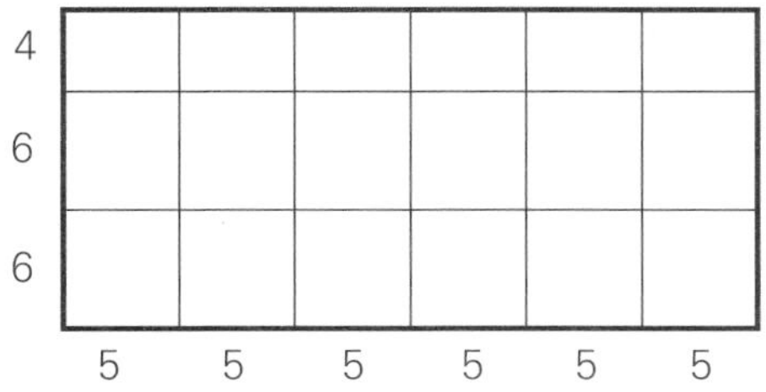

(가)

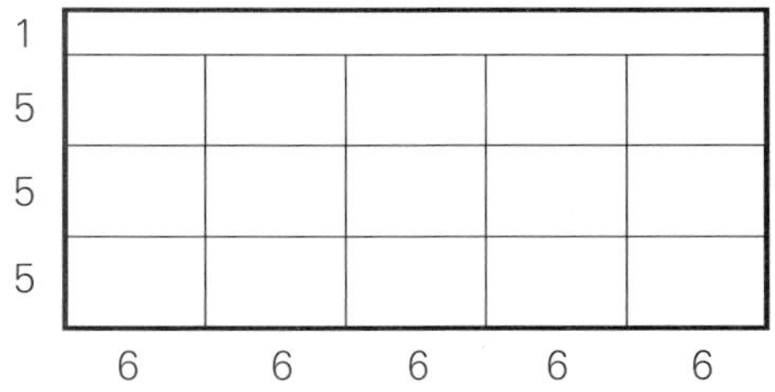

(나)

그러므로 버려지는 종이가 없도록 자르기 위해서는 아래의 (다) 와 같이 가로와 세로를 섞어서 잘라야 한다. 따라서 무한이는 한 장의 종이로는 총 16 개의 이름표를 만들 수 있다.

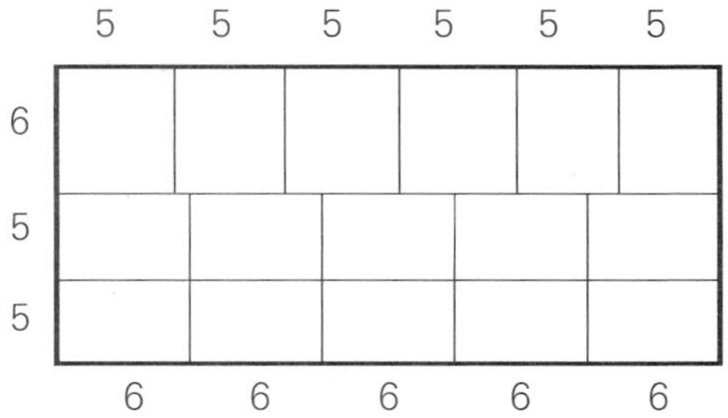

(다)

문 02
P.57

문항 분석 및 평가표

→ 문항 분석 : 이 문제를 풀기 위해서 먼저 아이스크림이 입술에 붙는 이유를 알아야 합니다. 그리고 선영이와 혜원이가 같은 곳에서 산 아이스크림을 먹는데, 왜 선영이의 입술에만 아이스크림이 붙었을지 생각해야 합니다. 아이스크림이 입술에 붙는 이유를 안다면 선영이가 고른 아이스크림 온도가 어땠을지, 선영이의 입술 상태가 어땠을지 생각할 수 있고, 그것을 이유와 연관 지어 답을 쓰면 됩니다. (융통성, 정교성) (창의적 문제 해결 문항)

→ 평가표 :

답을 맞게 쓴 경우	5 점

정답 및 해설

→ 정답 : ① 선영이는 아이스크림이 녹는 게 싫어서 아주 꽁꽁 얼어있던 아이스크림을 골랐다. 그래서 혜원이의 아이스크림 온도보다 선영이의 아이스크림 온도가 더 낮아서 입술에 있는 침이나 물기가 순간적으로 얼어 아이스크림이 달라붙었다.

② 선영이가 아이스크림을 먹기 전에 입술에 침을 묻혔다. 그래서 입술에 침이 많아져서 아이스크림의 낮은 온도 때문에 침이 순간적으로 얼어 아이스크림이 달라붙었다.

③ 혜원이는 겨울에 입술이 터서 입술에 립밤을 많이 바른 상태였다. 그래서 입술에 아이스크림의 낮은 온도에 의해 얼 수 있는 수분이 없었기 때문에 아이스크림이 입술에 붙지 않았다.

→ 해설 : 아이스크림이 입술에 붙는 이유는 입술에 있던 침이나 물기가 아이스크림의 낮은 온도에 의해 순간적으로 얼었기 때문이다. 입술에 수분이 얼마 없어도 아이스크림 온도가 매우 낮다면 아이스크림이 입술에 달라붙을 수 있다. 아이스크림이 입술에 달라붙었을 때, 이것을 억지로 떼려고 하면 입술은 피부가 얇으므로 입술의 살갗이 함께 떨어질 수 있다. 그러므로 체온으로 언 부위가 녹을 때까지 기다리거나 입으로 따뜻한 바람을 불어 녹여서 떼어내야 한다.

문 03
P.58

문항 분석 및 평가표

→ 문항 분석 : 빨대 피리처럼 관을 진동시켜서 소리를 내는 악기에는 관악기가 있습니다. 관 안으로 공기를 불어넣으면 관 속에서 공기가 진동하여 소리가 나는 것입니다. 관의 길이가 짧을수록 높은음이 나고, 관의 길이가 길수록 낮은음이 나게 됩니다. 빨대 피리도 같은 원리로 무한이가 만든 빨대 피리의 길이가 더 짧으므로 무한이의 피리에서 더 높은음이 나게 됩니다. (융통성, 정교성) (창의적 문제 해결 문항)

→ 평가표 :

(1) 번 답이 맞는 경우	2 점
(2) 번 답과 이유를 맞게 설명한 경우	3 점
(1) + (2) 총합계	5 점

정답 및 해설

→ 정답 : (1) (가)

(2) 더 낮은 소리가 난다. 빨대 피리의 한쪽 끝을 막으면 소리의 파장이 길어지고 진동수가 작아지므로 낮은 소리가 난다.

→ 해설 : (1) 소리는 공기가 진동할 때 진동수가 클수록 높은 소리가 나고, 진동수가 작을수록 낮은 소리가 난다. 소리의 속력은 항상 일정한데, 소리를 내는 물체의 길이가 짧을수록 공기가 진동할 수 있는 공간이 작다. 그러므로 여러 번 진동하게 되어 높은 소리가 난다.

(2) 빨대 피리를 불었을 때, 빨대 안에서 공기의 진동은 (가) 와 같다. 하지만 빨대 피리의 한쪽 끝을 막고, 빨대 피리를 불면 빨대 안에서 공기의 진동은 (나) 와 같다.

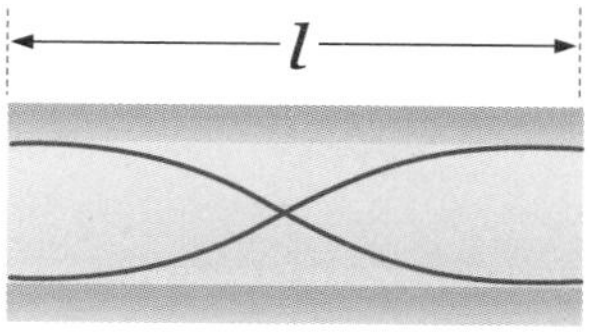

$l = \frac{\lambda}{2}, \ \lambda = 2l$

(가)

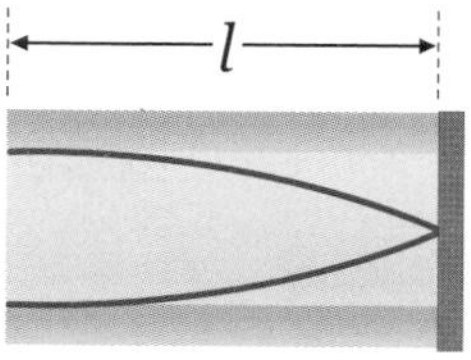

$l = \frac{\lambda}{4}, \ \lambda = 4l$

(나)

빨대 피리의 한쪽 끝을 막지 않았을 때와 막았을 때 모두 소리의 속력($v = \lambda \cdot f$) 은 일정하다. 하지만 (나) 에서 파장이 더 길기 때문에 진동수는 더 작아진다. 진동수가 작을수록 낮은 소리가 나기 때문에 빨대 피리의 한쪽 끝을 막았을때 더 낮은 소리가 난다.

소리의 속력(v) = 파장(λ) × 진동수(f)

문 04
P. 59

문항 분석 및 평가표

⟶ 문항 분석 : 물속의 물체는 중력과 부력을 받고 있으며 두 힘 중 중력이 크면 가라앉고, 부력이 크면 물 위에 뜨게 됩니다. 무한이가 호수에 던진 돌멩이는 가라앉지만, 돌멩이를 실은 배는 물에 떠 있을 수 있습니다. 그 이유는 부피에 따라 돌멩이와 배가 받는 부력의 크기가 다르기 때문입니다. 이 문제를 통해 물체의 부피에 따라 물체에 작용하는 부력의 크기가 달라짐을 알 수 있습니다. (정교성) (창의적 문제 해결 문항)

⟶ 평가표 :

'배가 받는 부력이 더 크기 때문' 이라는 내용을 포함하여 설명한 경우	6 점

정답 및 해설

⟶ 정답 : 물에 돌멩이를 던졌을 때, 돌멩이는 자신의 작은 부피로 밀어낸 물의 무게만큼만 부력을 받기 때문에 가라앉지만, 돌멩이를 실은 배는 돌멩이가 아닌 배의 큰 부피가 밀어낸 물의 무게만큼 부력을 받기 때문에 물 위에 뜰 수 있다.

⟶ 해설 : 물체가 물에 뜨는 이유는 물속에서 부력을 받고 있기 때문이다. 부력이란 물(액체)이나 공기 중에서 물체를 뜨게 하는 힘을 말하며 부력은 중력과 반대 방향으로 작용한다. 물체가 물속에 있으면 물체의 부피만큼 물을 밀어낸다. 물체는 밀어낸 물의 무게만큼 부력을 받아 물에 뜰 수 있게 된다. (아르키메데스의 원리)
돌멩이와 배를 비교했을 때, 배의 부피는 돌멩이보다 훨씬 크므로 물을 더 많이 밀어낸다. 배는 밀어낸 물의 무게만큼 부력을 받는다. 이 부력은 배에 작용하는 중력보다 크므로 배는 물 위에 뜰 수 있다.

문 05
P. 60

문항 분석 및 평가표

⟶ 문항 분석 : 소나무는 씨방이 없어 씨앗이 겉으로 드러나는 겉씨식물입니다. 이 씨앗은 소나무의 암꽃에 수정 후 만들어지는 소나무 열매인 솔방울 안에 들어 있습니다. 그래서 솔방울은 안에 있는 씨앗을 보호하기 위해 주변의 습도가 높으면 오므라들고, 건조하면 씨앗이 퍼질 수 있도록 다시 열립니다. 솔방울이 오므라드는 원리는 주변의 습도가 높을 때, 솔방울의 인편(비늘)을 이루는 세포의 바깥쪽이 삼투 현상에 의해 물을 흡수하여 팽창하게 되면서 솔방울이 오므라드는 것입니다. 반대로 주변이 건조하면 인편(비늘)에서 물의 증발이 일어나 세포가 다시 원래 상태로 돌아오면서 솔방울이 펴지게 됩니다. (융통성, 정교성) (창의적 문제 해결 문항)

—> 평가표 :

(1) 번 답을 맞게 쓴 경우	3 점
(2) 번 답을 맞게 쓴 경우	2 점
(1) + (2) 총합계	5 점

정답 및 해설

—> 정답 : (1) 비가 많이 올 때나 주변에 습도가 높을 때, 솔방울은 씨앗을 보호하기 위해서 오므라들고, 건조하고 맑은 날씨에는 씨앗을 퍼뜨리기 위해 활짝 열린다.

(2) 바람에 의해 씨앗이 퍼진다. 씨앗에 날개가 있어서 솔방울이 열려있을 때 바람이 불면 씨앗이 멀리까지 잘 날아갈 수 있다.

—> 해설 : 주변의 습도가 높을 때는 솔방울이 오므라든다. 습도가 높으면 씨앗이 수분에 노출되어 썩을 수 있으므로 씨앗을 보호하기 위해서이다. 또한, 습도가 높은 날에는 씨앗이 바람에 날려도 멀리 날아가기 힘들기 때문이다. 하지만 건조하고 맑은 날씨에는 날개가 달린 씨앗이 바람에 의해 멀리 날아갈 수 있도록 솔방울이 열린다.

문 06

P. 61

문항 분석 및 평가표

—> 문항 분석 : 우리 주변을 둘러싸고 있는 공기는 눈에 보이지도 않고 가볍지만, 매우 두꺼우므로 상당한 무게로 지표면을 누르고 있습니다. 이때 일정한 면적을 누르고 있는 공기의 압력을 대기압이라고 합니다. 대기압은 여러 방향에서 면에 수직으로 작용하며, 지표면의 평균 기압은 1 기압입니다. 이탈리아의 과학자 토리첼리의 실험 결과를 바탕으로 1 기압은 수은 기둥 76 cm 를 떠받칠 수 있는 압력이라고 정의하였습니다. (유창성, 정교성) (창의적 문제 해결 문항)

—> 평가표 :

(1) 번 답을 맞게 쓴 경우	3 점
(2) 번 현상을 맞게 쓴 경우	3 점
(1) + (2) 총합계	6 점

정답 및 해설

—> 정답 : (1) 종이 주위가 공기로 둘러싸여 있으므로 공기가 종이를 위아래에서 누르는 기압이 작용하여 종이가 떨어지지 않는다.

(2) ① 수은을 1 m 길이의 끝이 막혀 있는 유리관에 가득 채우고, 수은이 담긴 그릇에 거꾸로 세우면 유리관 안에 있던 수은이 76 cm 높이까지 내려오다가 멈춘다.

② 물이 가득 담긴 물기둥을 거꾸로 세우면 물이 10 m 높이까지 내려오다가 멈춘다.

③ 11 m 길이의 빨대로는 물이나 음료수를 마실 수 없다.

④ 대기압에서는 공기가 들어 있는 풍선이 터지지 않지만, 공기가 들어 있는 풍선이 하늘 높이 올라가면 터진다.

⑤ 높은 산이나 높은 건물에 올라갈 때 귀가 먹먹해진다.

—> 해설 : (1) 우리 주변을 둘러싸고 있는 공기가 면에 수직으로 작용하는 힘을 기압이라고 한다. 종이의 윗면에는 삼각플라스크의 무게와 그 안의 물의 무게에 의한 중력만 작용하지만, 아랫면에는 위로 누르는 기압이 훨씬 크게 작용하므로 종이가 삼각플라스크 입구에서 떨어지지 않는다.

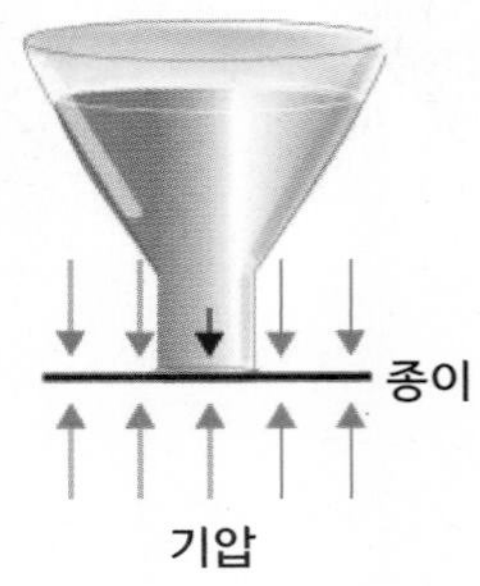

(2) ①, ② 기압을 처음 측정한 사람은 이탈리아의 과학자 토리첼리이다. 그는 수은을 1 m 길이의 끝이 막혀 있는 유리관에 가득 채우고, 수은이 담긴 그릇에 거꾸로 세웠다. 그 결과 유리관 안에 있던 수은이 76 cm 높이까지 내려오다가 멈추었다. 유리관 속의 수은이 모두 쏟아져 나오지 않는 이유는 수은의 높이가 76 cm 일 때, 대기압과 수은 기둥이 누르는 압력이 같기 때문이다. 이 실험을 수은 대신 물로 하면 물은 10 m 높이까지 내려오다가 멈춘다. 따라서 대기압은 다음과 같이 정의한다.

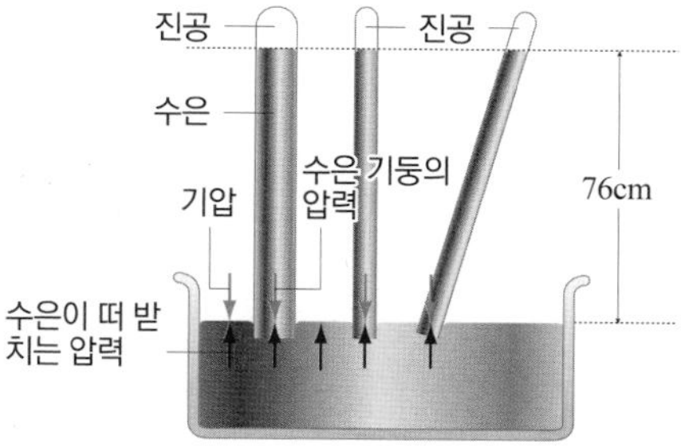

대기압(1 기압) = 수은(Hg) 기둥의 높이가 760 mm 인 경우

= 760 mmHg = 76 cmHg = 10 m물(H_2O)

③ 빨대로 음료수를 마시기 위해 음료수가 들어있는 컵에 꽂힌 빨대를 빨면 빨대 안의 압력이 줄어든다. 그러면 상대적으로 커진 빨대 밖의 대기압이 음료를 빨대 속으로 밀어 넣으므로 음료수를 마실 수 있게 된다. 대기압에서 물은 10 m 이상 올라올 수 없으므로 11 m 길이의 빨대로는 물이나 음료수를 마실 수 없다.

④ 1 기압에서 공기가 들어있는 풍선은 내부와 외부의 압력이 1기압으로 같으므로 터지지 않는다. 하지만 풍선이 하늘 높이 올라갈수록 낮아지는 외부의 압력 때문에 풍선의 부피가 커지다가 터져버린다.

⑤ 귀의 고막은 내부와 외부의 압력이 1 기압으로 같다. 그런데 높은 장소에 올라갈수록 외부 압력이 낮아지는데 귀에서 압력을 조절하는 유스타키오관이 압력이 같아지도록 조절하는 동안 고막의 내부와 외부의 압력 차가 생겨서 귀가 먹먹해진다.

문 07

P. 62

문항 분석 및 평가표

→ 문항 분석 : 유리는 모래, 탄산소다, 석회암을 적절한 비율로 섞은 후 높은 온도에서 녹인 뒤 냉각시켜 만듭니다. 고온에서 원하는 모양으로 만들 수 있고, 투명하여 빛을 통과시키고 색을 입히기 쉽다는 성질 때문에 우리 주변에서 다양하게 쓰이고 있습니다. (STEAM 융합 문항)

→ 평가표 :

(1) 번 답을 쓰고, 성질과 연관지어 설명한 경우	3 점
(2) 번 적절한 물질을 쓴 경우	3 점
(3) 번 답을 쓰고, 원리를 맞게 설명한 경우	6 점
(1) + (2) + (3) 총합계	12 점

정답 및 해설

→ 정답 : (1) - 고체, 유리는 고체처럼 모양과 부피가 일정하고, 짧은 시간에 액체처럼 흐르는 성질을 볼 수 없다.
- 액체, 유리는 아주 오랜 시간이 지나면 아래쪽으로 흘러내려 올 수 있으므로 모양이 일정하다고 볼 수 없다.

(2) 젤리, 묵, 플러버, 젤라틴, 액정

(3) 예시 답안) ① 예쁘다고 생각한다. 유리는 투명하므로 안에 내용물에 따라 여러 가지 색을 가질 수 있다.
② 예쁘지 않다고 생각한다. 유리는 깨지면 청소하기도 힘들고, 다시 사용할 수 없다.

—> 해설 : (1) 고체와 액체는 물질의 상태를 말한다.
고체는 담는 그릇이 바뀌어도 모양과 부피가 일정한 물질의 상태로 책, 지우개, 의자 책상 등이 있다.
액체는 담는 그릇에 따라 모양은 변하지만 부피는 변하지 않는 물질의 상태로 물, 우유, 바닷물 등이 있다.
(2) 액정은 고체와 액체의 중간적인 성질을 갖는 액체 결정으로 액체처럼 분자들이 이동할 수 있으면서도 결정이므로 분자들이 일정한 방향으로 배열될 수도 있다. 이러한 액정은 LCD 에 쓰이고 있다. LCD 에서 전압에 따라 이러한 액정 분자의 배열이 달라지므로 통과하는 빛의 양을 조절할 수 있다.

문 08

P. 64

문항 분석 및 평가표

—> 문항 분석 : 지진은 지구 내부의 에너지가 지표로 나와 땅이 흔들리는 현상을 말합니다. 지층이 힘을 받아 끊어지는 단층이 일어나거나 화산이 폭발하면 자연적으로 지진이 발생할 수 있습니다. 지진은 인공적으로 발생할 수도 있는데 채굴 활동의 과정에서 땅속에 무리한 힘을 주거나 지하에서의 핵 실험, 땅속에서 화약을 폭발시키는 경우 발생하게 됩니다. 인공 지진을 발생시켜 지하의 구조를 알아냄으로써 석유가 저장되어 있는 곳이나 도로, 건물, 댐 등을 건설하기에 알맞은 장소를 찾아내기도 합니다. (STEAM 융합 문항)

—> 평가표 : (1) 채점 기준

답을 맞게 쓴 경우	4 점

(1) + (2) 총합계	10 점

(2) 채점 기준

2 개중 1 개에 대해서만 원리를 맞게 설명한 경우	3 점
2 개 모두에 대해 원리를 맞게 설명한 경우	6 점

정답 및 해설

—> 정답 : (1) ① 지하에서 핵 실험을 하는 경우 지층이 충격을 받아 지진이 일어날 수 있다.
② 채굴 활동을 하면서 땅 속에 무리한 힘을 가해 암석이 폭발하거나 붕괴되면 지진이 일어날 수 있다.
③ 땅속에 화약을 폭발시켜 지층이 충격을 받으면 지진이 일어날 수 있다.
(2) 스프링 행거 : 건물에 설치하는 배관이 고정되어 있으면 지진으로 건물이 흔들릴 때 같이 움직이면서 건물에 충격을 더 가하게 된다. 하지만 배관을 행거로 걸어 놓으면 건물이 흔들릴 때 배관은 흔들리지 않으므로 건물에 주는 충격을 줄일 수 있다.
건물 외벽 구조물 : 건물 외벽에 내진 구조물을 설치해 놓으면 지진으로 건물에 수평 방향의 힘이 가해졌을 때 가장자리의 철근은 움직이지 않고 가운데 연결된 구조물만 용수철처럼 진동하므로 건물에 주는 충격을 줄일 수 있다.

—> 해설 : (2) 스프링 행거와 건물 외벽 구조물은 관성의 법칙을 이용하여 지진의 피해를 최소화시키는 내진 구조물이다.

점수에 따른 성취도 등급

등급	1등급	2등급	3등급	4등급	5등급	총점
평가	44 점 이상	34 점 이상 ~ 43 점 이하	24 점 이상 ~ 33 점 이하	14 점 이상 ~ 23 점 이하	13 점 이하	54 점

6 모의고사 6 회

▶ 총 8 문제입니다. 문제 배점은 각 문항별 평가표를 참고하면 됩니다.

▶ 1 번 : 영재성 검사 문항 / 2 ~ 6 번 : 창의적 문제 해결 문항 / 7 ~ 8 번 : STEAM 융합 문항

▶ 각 문항은 유창성, 융통성, 독창성, 정교성 네 가지의 창의력 요소를 기준으로 평가하였습니다.

유창성 : 특정 문제에 대해 제한된 시간 내에 다양한 해결책을 생각해 내었는지를 평가합니다. 질문의 의도에 타당한 답변의 개수가 많을수록 높은 점수를 받습니다.

융통성 : 한 문제에 대해 여러 분야를 넘나들며 많은 해결책을 제시하였는가를 평가합니다. 답안이 서로 분야 혹은 범주가 겹치지 않는 답변이 많을수록 높은 점수를 받습니다.

독창성 : 남들과는 다른 본인만의 방법을 제시하였는가를 평가합니다.

정교성 : 처음에 생각해낸 아이디어를 다듬어 발전시켜 표현할 수 있는지 확인하는 문항입니다. 제시된 답안과 가깝고, 원리를 정확하게 이해하고 답했는지 평가합니다.

문 01

P. 68

문항 분석 및 평가표

⟶ 문항 분석 :해설 참조. (정교성) (영재성 검사 문항)

⟶ 평가표 :

답이 맞는 경우	5 점

정답 및 해설

⟶ 정답 : 선영, 상상, 무한, 영재

⟶ 해설 : <보기> 의 내용을 다음과 같이 정리할 수 있다.

㉠ 무한 = 상상 × 2　①　　㉢ 선영 = 무한 × 3　③
　무한 = 영재 × 2　②　　　선영 = 상상 × 3　④

① 과 ③ 을 보면, 선영>무한>상상이 순서대로 가지고 있는 카드의 수가 많다. ㉡ 에서 상상이가 두 번째로 카드의 수가 많다고 했으므로 답이 될 수 없다.

① 과 ④ 를 보면, 선영>무한>상상이 순서대로 가지고 있는 카드의 수가 많다. ㉡ 에서 상상이가 두 번째로 카드의 수가 많다고 했으므로 답이 될 수 없다.

② 와 ③ 을 보면, 선영>무한>영재 순서대로 가지고 있는 카드의 수가 많다. ㉡ 에서 상상이가 두 번째로 카드의 수가 많다고 했으므로 선영이와 무한이 사이가 상상이다. 따라서 선영>상상>무한>영재의 순서로 카드를 많이 가지고 있다.

따라서 카드를 많이 가지고 있는 선영, 상상, 무한, 영재의 순서로 자리를 선택했다.

문 02
P. 69

문항 분석 및 평가표

→ 문항 분석 : 운동장의 흙과 화단의 흙 중 어느 곳에서 식물이 더 잘 자라는지 확인하기 위해서는 흙의 종류를 제외한 나머지 조건은 모두 같게 해주어야 합니다. 식물이 잘 자라는 데 필요한 물, 햇빛, 양분을 떠올려 같게 해야 할 조건과 다르게 해야 할 조건을 생각해 봅시다. (정교성) (창의적 문제 해결 문항)

→ 평가표 :

(1) 번 표를 모두 맞게 채운 경우	3 점
(2) 번 답을 맞게 쓴 경우	3 점
(1) + (2) 총합계	6 점

정답 및 해설

→ 정답 : (1)

같게 해야 할 조건	화분의 크기, 식물의 종류, 화분에 넣을 흙의 양, 물을 주는 시간, 물을 주는 양, 온도, 습도, 장소, 식물을 심는 깊이
다르게 해야 할 조건	화분에 넣는 흙의 종류

(2) 화단의 흙을 넣은 화분,
화단의 흙은 운동장의 흙과 비교했을 때 물 빠짐이 느리므로 물의 양이 많고, 원래 살고 있던 식물이나 날아다니던 동물이 죽고 썩어서 생긴 거름(양분)이 많아서 식물에 공급해 줄 수 있는 물과 양분이 풍부하다.

→ 해설 : 화분에 넣는 흙의 종류만 다르게 하고, 모든 조건을 똑같이 하여 식물을 키우면 물과 양분의 양이 많은 화단의 흙에서 식물이 더 잘 자란다.

문 03
P. 70

문항 분석 및 평가표

→ 문항 분석 : 손이나 부채 등으로 부채질을 하면 시원해지거나 나뭇잎이나 태극기가 바람에 날리는 현상을 보고 우리 주변에 공기가 있음을 알 수 있습니다. 이러한 공기의 성질은 보이지 않고 손으로 잡을 수 없지만, 우리 주변에 항상 있으며 이동시킬 수 있습니다. 무한이가 실행한 실험은 우리 주변에 공기가 있고, 이러한 공기를 이동시킬 수 있다는 것을 증명할 수 있을지 확인해 봅시다. (융통성, 정교성) (영재성 검사 문항)

→ 평가표 :

(1) 번 답을 맞게 쓴 경우	2 점
(2) 번 답을 맞게 쓴 경우	3 점
(1) + (2) 총합계	5 점

정답 및 해설

→ 정답 : (1) ① 우리 주변에 공기가 있는지 알아보기 위해서이다.
② 공기를 이동시킬 수 있는지 알아보기 위해서이다.

(2) 큰 풍선, 크기가 작은 풍선과 큰 풍선을 똑같이 팽팽하게 불었을 때, 크기가 큰 풍선의 부피가 더 크므로 더 많은 공기가 빠져나오면서 풍선을 밀어낸다. 그러므로 크기가 큰 풍선이 더 멀리 날아간다.

→ 해설 : (2) 풍선을 불고 입구를 손으로 잡고 있다가 놓으면 풍선이 공기를 밀어내고 공기는 풍선을 밀어 풍선이 입구 반대 방향으로 날아간다.

문 04
P. 71

문항 분석 및 평가표

→ 문항 분석 : 클립을 자석 위에서 한쪽 방향으로 여러 번 문지르면 자석의 성질을 갖게 됩니다. 이처럼 자석이 아닌 물체가 자석의 성질을 갖게 되는 것을 '자화' 라고 합니다. 한 번 자화된 물체는 계속해서 자석의 성질을 유지하는 것이 아니라 오랜 시간 동안 놓아두거나 충격을 가하는 경우, 가열하는 경우에는 자석의 성질을 다시 잃어버립니다. (정교성) (창의적 문제 해결 문항)

→ 평가표 :

답과 이유를 맞게 쓴 경우	5 점

정답 및 해설

→ 정답 : 혜원이, 자석의 성질이 없던 클립을 막대자석 위에서 한 방향으로 문지르면 클립 속의 작은 자석들이 한쪽 방향으로 배열되면서 자석의 성질을 갖게 된다. 그런데 자화된 클립을 알코올램프에 가열하면 작은 자석들의 움직임이 활발해지면서 한쪽 방향으로 배열되지 못하고 흐트러져 자석의 성질을 잃어버린다. 따라서 혜원이의 클립에는 철가루가 거의 붙지 않는다.

→ 해설 : 자석이 아닌 물체가 자석의 성질을 갖게 되는 이유는 물체 속의 작은 자석들이 외부의 자석의 영향을 받아 한쪽 방향으로 배열되기 때문이다. 막대자석 위에서 클립을 한쪽 방향으로 문지르면 클립 속의 작은 자석들이 외부의 막대자석의 영향을 받아 한쪽 방향으로 배열되면서 자석의 성질을 갖게 된다.(자화)

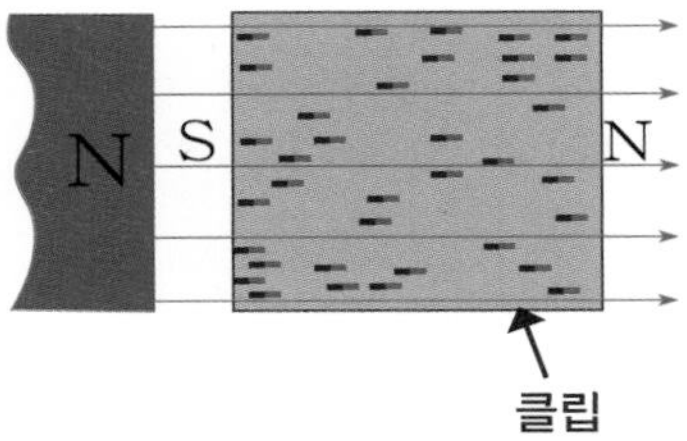

선영이는 클립을 막대자석의 가운데에서 한 방향으로 움직였으므로 클립 속의 작은 자석들이 외부 막대자석의 두 극에 영향을 받아 모두 한쪽 방향으로 배열되지는 못한다. 그러므로 약하게 자화되어 클립에 철가루가 조금 붙는다.
훈영이는 클립을 막대자석의 한 쪽 극 위에서만 여러 방향으로 움직였으므로 클립 속의 작은 자석들이 외부 막대자석의 하나의 극에 영향을 받아 모두 한쪽 방향으로 배열된다. 그러므로 강하게 자화되어 클립에 철가루가 가장 많이 붙는다.

문 05
P. 72

문항 분석 및 평가표

→ 문항 분석 : 형성층이 있는 쌍떡잎식물이나 겉씨식물의 어린나무는 줄기 끝의 생장점에서 세포 분열을 일으켜 점점 위로 자라고, 줄기의 형성층에 의해 줄기가 굵어지면서 나무줄기(목본)를 이루게 됩니다. 나무줄기는 풀줄기(초본)에 비해 굵고 단단하며, 키가 크고 가지가 많습니다. 또한, 나무의 나이를 알 수 있는 나이테가 형성됩니다. (정교성) (창의적 문제 해결 문항)

→ 평가표 :

(1) 번 크기와 높이에 대해 모두 맞게 쓴 경우	3 점
(2) 번 이유를 맞게 설명한 경우	3 점
(1) + (2) 총합계	6 점

정답 및 해설

→ 정답 : (1) 하트 모양의 높이는 그대로이고, 크기는 좌우 방향으로 늘려져 있을 것이다.
(2) 상록수는 침엽수로 잎이 바늘 모양으로 얇기 때문에 활엽수보다 표면적이 매우 작다. 그래서 잎을 통해 물이 빠져나가지 않고 잎으로 공급되는 적은 양의 수분으로 광합성을 하며 잎을 떨어뜨리지 않을 수 있다.

—> 해설 : (1) 나무를 생장하게 하는 생장점은 줄기 끝 부분에 있으므로 나무는 그대로 위로 자란다. 그리고 자라면서 줄기의 형성층에 의해 줄기가 굵어지므로 하트 모양의 높이는 그대로이지만, 크기는 좌우 방향으로 늘려져 있을 것이다.

(2) 추운 겨울에 나무(활엽수)들은 보통 표면적이 넓은 잎을 모두 떨어뜨리고 앙상한 가지만 남는다. 나무의 잎에서는 빛을 이용하여 생장에 필요한 녹말, 당 등의 영양분을 만들어내는 광합성이 일어난다. 그런데 겨울에는 햇빛의 양이 적고, 뿌리가 흡수할 수 있는 물의 양이 적으므로 잎에서 만들어내는 영양분의 양도 많이 줄어든다. 그러므로 잎을 통해 얻는 에너지보다 잎을 유지하기 위해 소모하는 에너지가 더 크므로 일부로 잎을 떨어뜨린다. 또한, 겨울에 나무의 뿌리 주변이 얼면 뿌리가 물을 흡수할 수 없는데, 잎에서 수분이 증발하는 증산작용이 계속 일어나면 나무에 물이 부족해지므로 잎을 떨어뜨려 증산작용을 막는다.
하지만 침엽수는 잎의 표면적이 넓은 활엽수와 달리 잎의 표면적이 매우 작아 잎을 통해 물이 빠져나가지 않고 잎으로 공급되는 적은 양의 수분으로 광합성을 하며 잎을 떨어뜨리지 않을 수 있다.

▲ 활엽수의 잎

▲ 침엽수의 잎

문 06
P. 73

문항 분석 및 평가표

—> 문항 분석 : 사막 지형은 건조 기후 지역으로 바람에 의한 침식, 운반, 퇴적 작용이 일어납니다. 사막에서 볼 수 있는 지형으로는 사구, 버섯바위, 삼릉석 등이 있습니다. 사구는 바람에 날린 모래가 쌓여서 만들어진 초승달 모양의 모래 언덕이며, 버섯바위는 바람에 날리는 모래에 의해 바위의 아랫부분이 침식 작용을 받아 만들어진 것입니다. 삼릉석도 바람에 날리는 모래에 의해 침식 작용을 받아 만들어진 편평한 모양의 돌입니다. (융통성, 정교성) (창의적 문제 해결 문항)

▲ 사구

▲ 버섯바위

▲ 삼릉석

—> 평가표 :

(1) 번 답을 맞게 쓴 경우	2 점
(2) 사막의 환경과 관련지어 설명한 경우	3 점
(1) + (2) 총합계	5 점

정답 및 해설

⟶ 정답 : (1) 모래, 바람

(2) 사막의 모래는 건조하여 바람에 의해 잘 이동할 수 있고, 입자가 큰 모래는 바람이 불면 바닥과 가까운 부분에서 이동한다. 그러므로 사막에서는 모래바람에 의해 바위의 아랫부분이 깎인 버섯바위가 만들어질 수 있다. 하지만 우리 주변은 모래가 많은 곳이나 바람이 세게 불 수 있는 곳이 많지 않다. 그리고 우리 주변에는 모래보다 흙이 많은데 흙에는 수분이 있으므로 바람에 잘 날아가지 않고 입자가 작아 바위를 깎아낼 힘이 없으므로 주변에서는 버섯바위를 볼 수 없다.

⟶ 해설 : (1) 버섯바위는 주로 사막에서 볼 수 있는 암석의 형태로 암석이 바람에 의한 침식 작용을 받아 만들어진다. 바람에 의해 사막 바닥을 날아다니는 모래가 수 천 년에 걸쳐 암석의 아랫부분을 윗부분보다 집중적으로 깎아 가늘어지게 하는데 이 모습이 버섯 모양을 닮아 버섯바위라고 부른다.

문 07
P. 74

문항 분석 및 평가표

⟶ 문항 분석 : 빨대를 사용하여 음료수를 마시는 것에도 과학적인 원리가 있습니다. 그 원리는 우리 주변의 공기가 누르는 압력인 기압과 관련이 있습니다. 빨대를 사용하여 물이나 음료수를 마시는 것이 기압과 어떤 관련이 있는지 알아봅시다. (STEAM 융합 문항)

⟶ 평가표 :

(1) 번 '압력의 차이가 생기지 않는다' 는 내용을 포함하여 설명한 경우	3 점
(2) 번 달의 환경과 관련지어 답을 맞게 설명한 경우	3 점
(3) 번 대기압과 관련지어 답을 맞게 설명한 경우	4 점
(1) + (2) + (3) 총합계	10 점

정답 및 해설

⟶ 정답 : (1) 마실 수 없다. 두 개의 빨대를 동시에 빨면 컵 밖에 있는 빨대를 통해 공기가 계속 들어오므로 빨대 안의 압력과 빨대 밖의 압력(대기압) 차이가 생기지 않아서 물이 입 쪽으로 빨려 올라오지 않는다.

(2) 마실 수 없다. 달에는 공기가 없으므로 빨대 안의 압력과 빨대 밖의 압력 차이가 생기지 않기 때문에 물이 입 쪽으로 빨려 올라올 수 없다.

(3) 빨대의 길이가 10 m 보다 길었기 때문이다. 우리가 생활하고 있는 대기압(1 기압)은 물기둥 10 m 를 떠받칠 수 있는 압력과 같다. 그러므로 대기압에서 물은 10 m 이상 올라올 수 없으므로 10 m 보다 긴 빨대로는 물을 마실 수 없다.

⟶ 해설 : 빨대를 사용하여 물이나 음료수를 마실 수 있는 이유는 빨대 안의 압력과 빨대 밖의 압력(대기압) 차이가 생기기 때문이다. 물이 들어있는 컵에 꽂혀 있는 빨대를 빨면 빨대 안의 공기 양이 줄어들면서 압력이 작아진다. 이때 빨대 밖의 압력인 대기압은 변화가 없으므로 상대적으로 밖의 압력이 커지면서 물이 입 쪽으로 빨려 들어오게 되어 물을 마실 수 있게 된다.

한 개의 빨대는 컵 속에 있고 또 다른 빨대는 컵 밖에 있을 때, 동시에 두 개의 빨대를 빨면 물은 나오지 않는다. 두 개의 빨대를 동시에 빨면 컵 밖에 있는 빨대를 통해 공기가 계속 들어오므로 빨대 안의 압력과 빨대 밖의 압력(대기압)의 차이가 생기지 않아서 물이 입 쪽으로 빨려 올라오지 않는다.

문 08
P. 76

문항 분석 및 평가표

→ 문항 분석 : 마찰력은 두 물체의 접촉면 사이에서 물체의 운동을 방해하는 힘을 말합니다. 우리는 마찰력을 크게 만들어서 유리하게 사용하는 것도 있고, 마찰력을 작게 만들어서 유리하게 사용하는 것도 있습니다. 자동차의 바퀴는 마찰력을 어떻게 이용한 것일지 알아봅시다. (STEAM 융합 문항)

→ 평가표 :

(1) 번 작용하는 마찰력을 맞게 표시한 경우	2 점
(2) 번 이유를 맞게 설명한 경우	3 점
(3) 번 답을 맞게 쓴 경우	3 점
(4) 번 답을 맞게 쓴 경우	4 점
(1) + (2) + (3) + (4) 총합계	12 점

정답 및 해설

→ 정답 : (1)

(2) ① 자동차 타이어에 홈을 만들어서 마찰력을 크게 하면 자동차가 앞으로 나아가기 더 쉽기 때문이다.
② 비나 눈이 왔을 때 타이어와 도로 사이에 물이 생겨 미끄러질 수 있는데, 자동차 타이어에 홈을 만들어서 마찰력을 더 크게 하면 미끄러지지 않는다.

(3) 경주용 자동차는 비나 눈이 오지 않을 때는 홈이 없는 바퀴를 사용한다. 그 이유는 자동차가 진행하는 방향으로 바퀴와 도로 사이에 마찰력을 크게 하여 앞으로 나아갈 때 추진력을 얻기 위해서이다. 또한, 경주용 자동차의 바퀴는 폭이 넓은데, 코너를 돌 때 옆으로 미끄러지지 않기 위해서이다.

(4) 눈이 쌓인 도로에서 타이어에 스노우 체인을 감고 달리면 스노우 체인이 눈에 박혀서 스노우 체인을 감지 않았을 때보다 미끄러지지 않고 앞으로 나아갈 수 있다.

→ 해설 : (3) 경주용 자동차에 쓰이는 바퀴는 폭이 넓고, 홈이 없는 바퀴와 폭이 넓고, 홈이 있는 바퀴를 두 가지의 바퀴를 사용한다. 비나 눈이 오지 않을 때는 마찰력을 높여 추진력을 얻고, 코너링을 하기 위해서 폭이 넓고, 홈이 없는 바퀴를 사용한다. 하지만 비가 오는 날에는 경주용 자동차도 홈이 있는 바퀴를 사용한다. 비가 올 때, 타이어와 도로 사이에 물이 생겨 미끄러지는 것을 방지하기 위해서이다.

(4) 보통 자동차의 바퀴에는 홈이 있어서 바퀴와 도로 사이에 작용하는 마찰력이 크다. 그러므로 바퀴의 홈은 자동차가 앞으로 나아가는데 도움을 준다. 눈이 왔을 때, 타이어에 감는 스노우 체인은 타이어와 도로 사이의 마찰력을 크게 해줄뿐만 아니라 바퀴의 스노우 체인이 눈에 압력을 가해 자동차가 미끄러지지 않고 앞으로 나아갈 수 있게 도와준다.

점수에 따른 성취도 등급

등급	1등급	2등급	3등급	4등급	5등급	총점
평가	44 점 이상	34 점 이상 ~ 43 점 이하	24 점 이상 ~ 33 점 이하	14 점 이상 ~ 23 점 이하	13 점 이하	54 점

7 마무리하기

· 아래의 표를 채우고 스스로 평가해 봅시다.

정리하기

단원	1회	2회	3회	4회	5회	6회
점수						
등급						

· 총 점수 :   / 317 점

· 평균 등급 :

전체 점수 성취도 등급

등급	1등급	2등급	3등급	4등급	5등급	총점
평가	254 점 이상	191 점 이상 ~ 253 점 이하	128 점 이상 ~ 190 점 이하	65 점 이상 ~ 127 점 이하	64 점 이하	317 점
	대단히 우수, 영재 교육 절대 필요함	영재성이 있고 우수, 전문가와 상담 요망	영재성 교육을 하면 잠재능력 발휘할 수 있음	영재성을 길러주면 발전될 가능성 있음	어떤 부분이 우수한지 정밀 검사 요망	

스스로 평가하기

· 자신이 자신있는 단원과 부족한 단원을 말해보고, 앞으로의 공부 계획을 세워봅시다.